Die ZEITSCHRIFT FÜR ANGEWANDTE GEOLOGIE berichtet ständig über folgende Arbeitsgebiete: Geologische Grundlagenforschung und Lagerstättenforschung / Methodik der geologischen Erkundung / Ökonomie und Planung der geologischen Erkundung / Technik der geologischen Erkundung / Geologie und Lagerstättenkunde im Ausland. In der Zeitschrift können alle strittigen Fragen der praktischen Geologie behandelt werden. Die Autoren übernehmen für ihre Aufsätze die übliche Verantwortung.

ZEITSCHRIFT FÜR ANGEWANDTE GEOLOGIE

KOLLEKTIVE CHEFREDAKTION

Dr. K. KAUTER (Redaktionssekretär)
Dr. F. STAMMBERGER
Dr. G. TISCHENDORF
Dipl.-Berging.-Geol. G. ZINDLER

BAND 10 · APRIL 1964 · HEFT 4

Vorratszuwachs mineralischer Rohstoffe – Maßstab geologischer Arbeiten[1)]

SIEGFRIED LÄCHELT, Berlin

Das 5. Plenum des Zentralkomitees der SED liegt hinter uns. Erste Auswertungen haben schon stattgefunden. Das Charakteristische dieses Plenums besteht darin, daß bereits lange vor seinem Beginn eine lebendige und kritische Atmosphäre in bezug auf alles Hemmende herrschte, die in einem Suchen und Erarbeiten der günstigsten Lösungswege für die verschiedensten Fragen sichtbar wurde. Das fand auch seinen Ausdruck in vielen Diskussionen, Ausarbeitungen und Zuschriften aus der geologischen Erkundung.

Dank der Fürsorge von Partei und Regierung nimmt die geologische Erkundung einen bedeutenden Platz in unserer Volkswirtschaft ein. Die Aufgaben sind klar und umfassend im Beschluß des VI. Parteitags der Sozialistischen Einheitspartei Deutschlands festgelegt worden. Dort heißt es: „Die Hauptaufgabe der Geologie besteht darin, die geologischen und geophysikalischen Erkundungsarbeiten auf die Untersuchung der tieferen geologischen Formationen zu richten. Dabei kommt es im Zusammenhang mit der Entwicklung der Petrolchemie darauf an, die Erkundungsarbeiten auf Erdöl und Erdgas zu intensivieren und auf die höffigsten Gebiete zu konzentrieren. Auf der Grundlage der prognostischen Vorräte sind maximale Mengen industriell gewinnbarer Vorräte an Erdöl und Erdgas nachzuweisen und die Voraussetzungen für die schnelle Aufnahme der Förderung zu schaffen. Das erfordert die Orientierung aller zur Verfügung stehenden Kräfte und Kapazitäten auf diese Hauptaufgabe. Zugleich ist die Erkundung fester mineralischer Rohstoffe (Kalisalze, Braunkohle, Eisenerz, Rohstoffe für die Keramik- und Baustoffindustrie u. a.) und die Erkundung von Trink- und Brauchwasser zu sichern."

Das seit dem VI. Parteitag verflossene Jahr war voller anstrengender und erfolgreicher Arbeit. Jetzt ist objektiv und kritisch einzuschätzen, ob wir diesen Zeitabschnitt entsprechend unseren Möglichkeiten gut genutzt haben.

Bei einer Reihe von mineralischen Rohstoffen konnte im vergangenen Jahr ein bedeutender Vorratszuwachs erreicht werden. Es sei hier besonders auf die Kalierkundung im Bereich des VEB Geologische Erkundung West (Halle/Saale) hingewiesen. Die Arbeiten zur Klärung der Prognose für Braunkohle, sedimentäre Eisenerze, Kupfer und andere mineralische Rohstoffe konnten durch intensive Arbeit des Zentralen Geologischen Instituts einen bemerkenswerten Fortgang verzeichnen.

Die wissenschaftliche Qualität der geologischen Arbeiten wurde auf gewissen Gebieten merklich verbessert. Die Erkundungskosten konnten z. T. so gesenkt werden, daß bei einigen Rohstoffen, z. B. bei Kali, die finanzielle Vorbelastung bedeutend verringert wurde. Trotz dieser anerkennenswerten Ergebnisse wäre es Selbstbetrug, wollte man nicht auch auf die weniger befriedigende Seite der geologischen Erkundung hinweisen.

Nicht alle Aufgaben, die im Beschluß des VI. Parteitags genannt sind, wurden gleichermaßen gut gelöst. Bei Erdöl z. B. wurde der mineralische Vorratsplan nicht erfüllt. Das liegt weitgehend darin begründet, daß die Leitungstätigkeit, die Qualität der wissenschaftlichen Arbeit wie auch die Arbeitsorganisation unzureichend sind. Dies beginnt bereits bei der Staatlichen Geologischen Kommission als dem höchsten zuständigen Organ und endet bei den Betriebsleitungen. Vielen Leitern mangelt oft der Mut, Entscheidungen zu fällen und Verantwortung auf sich zu nehmen. Es ist eine alte Wahrheit, daß sich das Richtige im Kampf durchsetzt. Zum Kampf gehört auch die Entschlossenheit zum Risiko. Aber gerade diesen Mut haben die Leiter nicht überall bewiesen. So gibt es in der Erdölerkundung nicht wenige Bohrungen, die Erdölkerne, Erdgasspuren oder sogar Erdöl aufweisen und die doch nicht in den Sondenfonds eingegangen sind. Falsche Technologien, unzureichende Qualität der Arbeiten und mangelnder Mut der Leiter zur Verantwortung sind die Ursachen für diesen unerfreulichen Zustand. Es ist seit Jahren bekannt, daß ein Teil unserer Erdöllagerstätten bei Weiterführung der Arbeiten nach den gegenwärtig noch üblichen Technologien, z. B. in bezug auf die Spülung, eher geschädigt als fündig werden. Trotzdem haben es die VVB Erdöl—Erdgas und die Oberste Bergbehörde der DDR bis zum heutigen Tag noch nicht verstanden, in gemeinsamer Aussprache eine sinnvolle Lösung zu finden. Man versteckt sich hinter Paragraphen und „Erfahrungen", das Problem aber bleibt ungelöst. Noch immer werden viele teure Bohrmeter abgeteuft, ohne dem Nachweis von Lagerstätten zu dienen. Nur in wenigen Betrieben haben bisher Betriebsleiter, Geologen und Techniker vor allem durch den Einfluß der Grundorganisationen der Partei, wie z. B. in Grimmen und Stendal, begriffen, daß der Leiter die Verantwortung voll zu tragen hat. Jetzt aber müssen endlich die zuständigen Instanzen, die die Fragen der Technologie zeitlich und gesetzlich zu regeln haben, dieser Entwicklung gerecht werden.

[1)] Eingang des Manuskripts in der Redaktion: 25. 2. 1964

Betrachten wir in diesem Zusammenhang noch einmal grundsätzlich das Problem der Leitungstätigkeit und der Wissenschaftlichkeit von Arbeiten in der geologischen Erkundung.

Gegenwärtig gibt es gerade zu diesen Fragen von den in der Praxis eingesetzten Fachleuten viele Hinweise. Das ist kein Zufall, denn mit der regen Diskussion und mit der Durchsetzung des neuen ökonomischen Systems der Planung und Leitung der Volkswirtschaft hat sich das ökonomische Denken unserer Menschen bedeutend verbessert. Mit den neuen Aufgaben und mit der höheren Verantwortung kommen die Werktätigen in Widerspruch zu den alten Methoden der Planung, Leitung und Durchführung der Arbeiten. Das beginnt z. B. bei der ungenügend klaren Abgrenzung zwischen der Staatlichen Geologischen Kommission und den VVBs und endet mit der Bürokratisierung der wirtschaftlichen Rechnungsführung auf Betriebs- und Institutsebene.

Eine der wichtigsten Grundforderungen für die Leitungstätigkeit besteht jetzt darin, sehr schnell die entscheidenden Fragen den wirklich zuständigen Leitungsebenen zuzuleiten. Auf dem 5. Plenum wird eindeutig die Forderung nach einer Leitungspyramide gestellt. Betrachtet man heute lediglich den Umfang der verschiedenen Leitungsapparate, dann ist bei weitem keine Pyramidenform erkennbar. In der Praxis wirkt sich das so aus, daß viele Fragen und Entscheidungen von untergeordneter Bedeutung auf geologischem, technologischem, ökonomischem und technischem Gebiet in der höchsten staatlichen Leitung, der Staatlichen Geologischen Kommission, behandelt werden. Wir müssen uns darüber klar sein, wenn man jetzt nicht konsequent wesentliche Veränderungen in obigem Sinne vornimmt, wird keine klare Abgrenzung der Verantwortlichkeit geschaffen, wird es nach wie vor möglich sein, Entscheidungen auszuweichen, und die VVBs werden und können nicht die Rolle spielen, die ihnen jetzt zukommt. Deshalb muß sehr schnell festgelegt werden, welche Aufgaben sofort abwärts verlagert werden können, welche in einem bestimmten, genau gekennzeichneten Zeitraum zu übertragen sind, und wovon man sich überhaupt loslösen kann. Das trifft auch auf die Betriebs- und Institutsleitungen zu. Hier gibt es noch den Zustand, daß solche Querschnittsabteilungen und Bereiche, wie Arbeit, Kader, Normierung u. a., durch eine Vielzahl von Aufgabenstellungen, Zuarbeitungen und Anweisungen die Fachleute von der eigentlichen Leitung und Durchführung geologischer Arbeiten abhalten. Jede derartige bürokratische Maßnahme wirkt sich darüber hinaus auch auf die Kosten und Arbeitsintensität, ja sogar auch auf die Arbeitsfreude jedes einzelnen aus. Auch die Frage der richtigen Wahl von Kennziffern ist dabei von nicht geringer Bedeutung. So ist es meiner Meinung nach z. B. normalerweise nicht nötig, auf einer Ebene in der Staatlichen Geologischen Kommission solche Kennziffern wie Bohrmeterleistungen u. ä. zu kontrollieren. Derartige Kontrollen verleiten zum operativen Eingreifen und fördern praktisch sogar die Bohrmeterideologie. Worum geht es also beispielsweise in der Staatlichen Geologischen Kommission? Sie wirkt maßgeblich an der Ausarbeitung des Perspektivplans mit, muß genaue Analysen der Entwicklungstendenz anhand weniger entscheidender Kennziffern geben und schließlich die Kontrolle über die Entwicklung der geologischen Erkundung als Ganzes ausüben. Zu den Kennziffern, mit denen die Staatliche Geologische Kommission leiten muß, rechne ich:

Vorratszuwachs, Wachstumsrate des Sondenfonds, Kosten je t Vorrat, Arbeitskraft je t Vorrat, Erfüllung der Qualitätsanforderungen bei Basisbohrungen, Kartierungsbohrungen, Suchbohrungen u. ä., Anzahl der vorbereiteten Strukturen.

Entsprechend weitergehend differenziert müßten die durch die VVBs kontrollierten Kennziffern sein, da sie durch diese unmittelbar auf die ihnen unterstehenden Betriebe und Institutionen Einfluß zu nehmen haben. Das könnten m. E. folgende sein:

Vorrat je m Erkundungsbohrung, Bohrmeterfortschritt und qualitative Daten bei den nichtvorratsgebundenen Bohrungsarten, Brigade- und Geräteleistung, Bohrmeterkosten nach Bohrart, Auslastungsgrad der Technik, Umbauzeiten, angewandte Technologien, kontinuierliche Material- und Ersatzteilversorgung nach Schwerpunkten.

Sicherlich kann man wegen der einen oder anderen Kennziffer verschiedener Meinung sein. Vielleicht sind es deren zuviel, vielleicht zu wenig, um ein richtiges System zum Leiten und Kontrollieren zu gewährleisten. Aber das ist für diesen Beitrag nicht das Entscheidende. Ich bin auch durchaus nicht dagegen, daß eine solche Kennziffer wie die unvollendete Warenproduktion in der geologischen Erkundung angewandt wird. Sie kann ein guter Maßstab sein, wenn sie entsprechend den speziellen Bedürfnissen definiert, den Geologen allseitig erläutert und nicht formell angewendet wird. Unabhängig jedoch davon, welche speziellen Kennziffern jetzt auch immer für die einzelnen Leitungsebenen festgelegt werden, muß der Hauptgradmesser der geologischen Erkundung der Vorratszuwachs und der für seine Ermittlung eingesetzte Aufwand an lebendiger Arbeit, finanziellen und materiellen Werten sein. In dieser Kennziffer, und nur in ihr allein, zeigt sich, ob unsere Arbeit von Nutzen war oder nicht.

Ich hatte Gelegenheit, an mehreren Beratungen und Aussprachen teilzunehmen, wo u. a. die Frage der Ausnutzung aller Reserven behandelt wurde. Nicht immer gelang es dabei, bis zum Kern der Dinge vorzudringen. Oft blieb man an „Kleinigkeiten“ hängen. Selbst ökonomische Konferenzen wurden dadurch weitgehend auf das Niveau von Produktionsberatungen hinabgedrückt. Aber das kann in einem geologischen Betrieb nicht die Hauptfrage sein, denn eine einzige geologisch mißlungene Bohrung macht alle diese „kleinen“ Verbesserungen wertmäßig zunichte. Deshalb gilt es in erster Linie, die wirklich echten, die größeren Reserven zu erschließen. Diese Reserven findet man nur in Beantwortung der Frage, wovon der Erfolg oder Mißerfolg der geologischen Erkundung in erster Linie abhängt. Meiner Meinung nach stehen hier folgende vier Punkte im Vordergrund der Betrachtung. Hier liegen auch die echten Reserven.

1. Der zeitlich richtige und inhaltlich qualitative wissenschaftliche Vorlauf (Geophysik, Kartierung, regionale Geologie, struktureller und tektonischer Bau usw.),
2. der Umfang und die Intensität der Bearbeitung und die Verallgemeinerung des anfallenden Tatsachenmaterials,
3. die angewandte Methodik und Technologie,
4. der Grad der Modernisierung der eingesetzten technischen Mittel.

Ich kann auf diese vier Punkte nicht ausführlicher eingehen. Das muß in den Betrieben und Instituten der geologischen Erkundung, Forschung und Lehre erfolgen. Hier sollen lediglich einige wenige Beispiele angeführt werden, um durch sie die neue Qualität der Leitungstätigkeit zu verdeutlichen.

Von verschiedenen Seiten wurde richtig erkannt und u. a. immer wieder gefordert, die geophysikalischen und regionalgeologischen Arbeiten zu verbessern und zu verstärken. Die Erkundung ist daran interessiert, den Wirkungsgrad ihrer Arbeit zu erhöhen, und die Bohrtechnik braucht rechtzeitig Ansatzpunkte, um einen ordentlichen Ablauf der technischen Arbeiten garantieren zu können. Diese Erkenntnis ist nicht neu, sie ist zumindest seit mehreren Jahren immer wieder erneut in den Vordergrund gestellt worden. Noch immer müssen oftmals geologische Arbeiten unzureichend begründet angesetzt werden, um die vorhandene Technik nicht ungenutzt zu lassen. Der Kapitalist löst einen solchen Widerspruch zwischen verfügbarem Umfang an Technik und wissenschaftlich begründeten Einsatzmöglichkeiten durch die zeitweilige Freistellung von Arbeitskräften. Eine derartige „Lösung des Problems“ auf der Grundlage sozialer Unsicherheit widerspricht den Prinzipien unserer sozialistischen Gesellschaft. Wir müssen diese Disproportion durch ein planvolles Arbeiten lösen, d. h., es muß ein solcher Plan erarbeitet und verwirklicht werden, nach dem in einer bestimmten Zeitperiode ein richtiges Verhältnis systematisch erreicht wird. Es ist notwendig, daß die Geologen eine solche Vielzahl von vorbereiteten Objekten und Projekten zur Verfügung haben, daß jeder Ansatzpunkt für technische Arbeiten wirklich begründet ist. Nur eine entscheidende Verstärkung der geologisch-wissenschaftlichen Arbeiten wird hier Abhilfe schaffen können. Die Einbeziehung der Hochschulen und der Akademie der Wissenschaften ist dabei unerläßlich. Gerade hier gibt es jedoch noch entscheidende Mängel. Falsch verstandene persönliche Interessen und Vorbehalte spielen dabei selbst bei leitenden Kadern eine Rolle. Dies ist z. B. in der VVB Erdöl—Erdgas der Fall, wo Bedenken der Art bestehen, daß die genannten Gremien hieraus publizistisch Vorteile ziehen könnten. Über solche Fragen kann man sich aussprechen und einigen. Natürlich ist auch den Fachzeitschriften zu empfehlen, vorrangig außerhalb der langen Wartezeiten den Fachleuten aus den Betrieben die Möglichkeit zum Veröffentlichen zu geben.

Betrachten wir nun die Bearbeitung des anfallenden geologischen Materials. Von den bisher niedergebrachten Bohrungen sind viele nur ungenügend ausgewertet bzw. z. T. überhaupt noch nicht zu einer Verallgemeinerung herangezogen worden. Nur selten erfolgt eine Einbeziehung des gesamten Materials in die Auswertung. Das hat u. a. seinen Grund darin, daß leider bis heute noch kein gemeinsamer Arbeitsplan zwischen den Bereichen, die sich mit regionalen Problemen der Geologie in der VVB Feste Minerale, der VVB Erdöl—Erdgas und dem VEB Geophysik befassen, zustande gekommen ist. Dies sollte ein Ansatzpunkt für den komplexen Wettbewerb innerhalb der Geologie sein.

In anderen Ländern, wie z. B. in Westdeutschland. wird das anfallende geologische Material nach allen Regeln der Kunst und mit großem Aufwand untersucht. Selbst die Spülproben werden einer komplizierten und umfangreichen Untersuchung unterzogen. Dadurch wird die gesamte weitere Erkundungsarbeit entscheidend beeinflußt, eine hohe Wissenschaftlichkeit in die Erkundung getragen und eine bedeutende Verringerung der Gesamterkundungskosten erreicht.

Als weitere Quelle einer echten Reserve nannte ich die Technologie und Methodik. Bereits eingangs wurden hierzu einige Bemerkungen gemacht. An sich ist dies jedem verständlich. Hier soll deshalb nur noch kurz die kadermäßige Seite erwähnt werden. In Westdeutschland beschäftigt ein Betrieb beispielsweise von der Größe des Erkundungsbetriebs Grimmen ca. 70 Technologen, während analoge Betriebe bei uns nur einen einzigen bzw. einige wenige Technologen eingesetzt haben. Dieser Vergleich spricht für sich, aber das Problem liegt tiefer. Es beginnt damit, daß man keinen rechten Glauben an die ausgearbeitete geologische Perspektive hat und bei einigen Verantwortlichen nur sehr undeutliche Vorstellungen über die Probleme von Morgen vorherrschen. In der Kaderpolitik drückt sich das so aus, daß die Planzahlen für ausgebildete Fachleute ständig zurückgehen. Oben wurde bereits über die Unzulänglichkeiten in der wissenschaftlichen Bearbeitung des Tatsachenmaterials gesprochen, aber in einigen Fällen haben wir Schwierigkeiten, die Hoch- und Fachschulabsolventen unterzubringen. Noch immer fehlt ein wissenschaftlich begründetes Kaderentwicklungsprogramm, das von der wissenschaftlichen und technischen Perspektive der geologischen Erkundung ausgeht. Ich erinnere an den Beitrag des sowjetischen Ministers für Geologie und Lagerstättenschutz „Geologie und technischer Fortschritt“ (Heft 11/1963 dieser Zeitschrift), in dem einige Fragen der Perspektive geologischer Erkundung aufgezeigt worden sind. Der Minister ging auch auf die zukünftige Rolle der Mathematik in der Geologie ein. Was aber sieht bei uns der Kaderplan in der Geologie vor? Es sind in ihm bis 1970 kaum Mathematiker angefordert, ja, es sind selbst weniger vorgesehen, als bereits gegenwärtig notwendig wären. Übrigens haben die Betriebe zu einer derartigen Planung teilweise eine andere, realere Vorstellung; denn sie erarbeiten sich bereits klare Konzeptionen und unternehmen erste Schritte zur Einführung der Mathemathik in die geologische Erkundung. Wozu werden solche Fragen in unseren Fachzeitschriften und in Diskussionen aufgeworfen, wenn die für die Durchführung verantwortlichen Leiter sie ignorieren oder nur ungenügend beachten? Es muß endlich Schluß sein mit dem einfachen Feststellen! Jetzt müssen wirklich echte und spürbare praktische Schritte erfolgen. Es geht doch darum, eine große Wirksamkeit in der geologischen Erkundung zu erreichen. Wenn wir so verfahren, bleibt auch keine Zeit mehr für unfruchtbare wissenschaftliche Streitereien. Nutzloses „Philosophieren“ und jegliche Bürokratie stehen einer Verbesserung der Arbeit im Wege.

Um noch einmal zusammenzufassen: Es geht um einen schnellen und maximalen Zuwachs an gewinnbaren Vorräten bei einer Erkundung mit geringsten Kosten und auf der Basis von höchster Wissenschaftlichkeit, modernster Technologie und Technik. Es geht um den wissenschaftlich-technischen Höchststand in der geologischen Erkundung und um eine konsequente Durchsetzung des neuen ökonomischen Systems der Planung und Leitung der Volkswirtschaft.

Zeitschrift für angewandte Geologie, Bd. 10 (1964) Heft 4

Salzauslaugung und Tektonik im Zechstein des Werra-Kaligebiets nach Ergebnissen seismischer Messungen[1]

LOTHAR WÜSTNER, Leipzig

(Mitteilung der sozialistischen Arbeitsgemeinschaft „Geophysik Werra")

Einleitung

Geophysikalische Messungen gewinnen auch im Kalibergbau zunehmend an Bedeutung. Es sei hier nur an die seit langem üblichen Bestimmungen des K_2O-Gehaltes in Bohrlöchern mit Hilfe radiometrischer Verfahren erinnert. Bei den umfangreichen Erkundungsarbeiten, die gegenwärtig zur Sicherung der Vorratslage älterer Kaliwerke sowie beim Neuaufschluß von Gruben geleistet werden müssen, ist es möglich, auch andere Verfahren der angewandten Geophysik mit Erfolg einzusetzen. So wurde erstmals im Werragebiet mit dem systematischen Einsatz geophysikalischer Methoden zur Lösung spezieller Probleme des Bergbaus begonnen.

Die Bildung einer sozialistischen Arbeitsgemeinschaft aus Vertretern der VVB Kali, des Kalikombinates Merkers, des VEB Geophysik und der Kaliforschungsstelle Sondershausen sowie eine enge Zusammenarbeit mit der Bergakademie Freiberg (Sa.) schufen günstige Voraussetzungen für den Erfolg der Messungen.

Neben der Kartierung von Basaltgängen, die mittels magnetischer Spezialvermessungen möglich war, interessiert im Werragebiet vor allem die Abgrenzung von Auslaugungsgebieten und Verwerfungszonen durch geophysikalische Methoden. Die Ergebnisse eines Teiles dieser Messungen über die Begrenzung von Auslaugungsgebieten durch geophysikalische Verfahren von über Tage sollen in diesem Beitrag dargelegt werden.

Aufgabe

In dem nördlich der Werra gelegenen Teil des Werrakaligebietes haben sich die einzelnen Grubenfelder bereits weitgehend den Grenzen der Lagerstätte genähert. Diese Grenzen sind einerseits Vertaubungszonen, überwiegend jedoch Auslaugungsgebiete. Die Forderung nach vollständiger Nutzung der Lagerstätte und der vorhandenen Schachtanlagen gebietet es, alle noch nutzbaren Feldesteile abzubauen. Dabei muß aber ein Anfahren der Auslaugungsgebiete aus Sicherheitsgründen vermieden werden, da die Gefahr eines Wassereinbruches besteht. Beide Forderungen sind nur dann zu erfüllen, wenn die Grenzen der Auslaugungsgebiete bis in Einzelheiten bekannt sind.

Bisher erfolgte die Grenzziehung nach den vorhandenen UT- und OT-Bohrungen und nach Übertagekartierungen. Beide Methoden reichen nicht aus, um alle Einzelheiten zu erfassen. Infolge der großen Unregelmäßigkeit der Auslaugungsgebiete wäre dazu ein sehr dichtes Bohrnetz erforderlich. Auch der Kartierung von über Tage sind Grenzen gesetzt.

Das Einfallen der Deckschichten in Richtung zur Auslaugungssenke ist nicht in allen Fällen an der Oberfläche zu beobachten. Auch wenn dies möglich ist, kann die Mächtigkeit des bereits abgelaugten Salzes nach dieser Methode nicht bestimmt werden. Die atektonischen Erscheinungen der Salzauslaugung sind zudem noch von echten tektonischen Bewegungen überlagert, so daß ein Erkennen der ersteren allein aus der Kartierung des Deckgebirges nicht möglich ist. Die Erkenntnis dieser Mängel gebot es, nach einer Ergänzung der geologischen Untersuchungsmethodik durch brauchbare geophysikalische Meßergebnisse zu suchen.

Die geologische Situation

Der Zechstein im nördlichen Teil des Werragebietes ist eine Sedimentfolge von außerordentlicher Regelmäßigkeit. Über dem Zechsteinkonglomerat, dem Kupferschiefer und dem Zechsteinkalk folgt der stratigraphisch als Anhydritknotenschiefer bezeichnete Basisanhydrit, dessen Mächtigkeit im Werragebiet normalerweise 6 m nicht übersteigt. Darüber liegt das 250—300 m mächtige Werrasteinsalz, durch die beiden Kalisalzflöze Thüringen und Hessen in Unteres, Mittleres und Oberes Werrasteinsalz gegliedert. Im Hangenden des Salinars folgen: Braunroter Salzton, Staßfurtanhydrit, Steinsalz der Staßfurt-Serie, Untere Letten, Plattendolomit und Obere Letten. Die Mächtigkeiten betragen in der gleichen Reihenfolge: 10,5—10, 0—5, 35, 20—25 und 10 m. Größere Mächtigkeitsschwankungen, die über die Meßgenauigkeit der geophysikalischen Verfahren hinausgehen, sind, abgesehen von Auslaugung im Na 1γ, nur im Mittleren und Unteren Werrasteinsalz zu erwarten.

Das Triassystem ist im nördlichen Werragebiet im wesentlichen durch den Unteren Buntsandstein vertreten, der unter einer geringmächtigen Verwitterungsdecke an der Oberfläche ansteht. Lediglich im Südwesten des Meßgebietes, bei Vacha, bildet der Mittlere Buntsandstein die Oberfläche.

Die Tektonik des Meßgebietes wird nach HOPPE (1960) durch mehrere kleinere Aufsattelungen und Einmuldungen mit herzynischer oder rheinischer Streichrichtung bestimmt. Am bedeutendsten ist der „Tiefenorter Sattel", der mit herzynischem Streichen von Oberrhon bis Springen verläuft und dort allmählich nach Nordwesten abtaucht. Etwa in seiner Verlängerung liegt der ebenfalls herzynisch streichende „Dippacher Sattel", dessen Nordflanke steil in die „Gerstunger Mulde" abfällt. Dieser Faltenbau wird von einem regionalen Einfallen sämtlicher Horizonte nach Südwesten überprägt. Über die Lagerung der Zechsteinbasis war bei Beginn der geophysikalischen Messungen nur wenig bekannt.

Das Salz ist im Norden und Nordosten, wo die Zechsteinschichten am Rande des Thüringer Waldes ausstreichen, vollständig der Auslaugung zum Opfer gefallen. Am Übergang vom salzfreien Zechstein zum intakten Salzgebirge ist im Norden und Nordwesten des Bergbaugebietes, bei Berka und Gospenroda, ein Salzhang ausgebildet; d. h., die Ablaugungsfläche ist stark in

[1]) Eingang des Manuskripts in der Redaktion: 5. 12. 1963

Richtung zum Salzfreien geneigt. Weiter östlich ist die Ablaugungsfläche nahezu horizontal und wird hier als Salzspiegel bezeichnet.

Außer den Auslaugungsformen am Rande des Werrabeckens kennt man noch die lokalen Auslaugungssenken innerhalb des intakten Salinars. Es wird angenommen, daß an diesen Stellen die Tagewässer an Störungen Zutritt zum Salz fanden und eine mehr oder weniger starke Auflösung desselben bewirkten. Teilweise treten diese Auslaugungssenken morphologisch an der Oberfläche in Erscheinung.

Die größte Senke liegt im Raum Vacha—Oberzella. Ihr zentraler Teil zeichnet sich durch mächtige Ablagerungen jüngerer Sedimente aus. Die an der Oberfläche sichtbare Einsenkung unterscheidet sich deutlich von den Erosionstälern im Unteren Buntsandstein. Das gleiche ist bei den Senken Kieselbach, Döngens und Frauensee—Lindenau der Fall. Im Bereich der beiden letztgenannten Senken deuten Spalten und Erdfalltrichter darauf hin, daß die Auflösung des Salzes bis in die jüngste Zeit angedauert hat bzw. heute noch stattfindet.

Andere Auslaugungssenken lassen sich durch Oberflächenbeobachtungen nur ungenügend abgrenzen. So ist z. B. im Bereich der Senke Tiefenort eine Kartierung des Buntsandsteins nicht möglich, da der größte Teil der Senke unter den mächtigen Schotterablagerungen der Werraniederung liegt. Durch ein umfangreiches Erkundungsprogramm mittels Tiefbohrungen führten HAASE & OETTEL (1963) in den Jahren 1956—1960 eine Untersuchung der Senke Tiefenort und anderer Auslaugungsgebiete durch. Dabei konnten recht erhebliche Abweichungen von den nach Oberflächenkartierungen festgelegten Begrenzungen festgestellt werden. Im Nordwesten der Senke Vacha—Oberzella wurde z. B. ein großes Gebiet mit starker Ablaugung festgestellt, das sich an der Oberfläche nicht abzeichnet. Zahlreiche vorher nicht bekannte Auslaugungsgebiete wurden im südlichen Vorfeld des heutigen Bergbaugebietes angetroffen. Das Auffinden bisher unbekannter Auslaugungsgebiete bewies eindeutig, daß eine genaue Untersuchung des gesamten Bergbaugebietes notwendig ist. Eine solche Erkundung allein durch Tiefbohrungen hat neben den hohen Kosten den Nachteil, daß der für jede Bohrung notwendige Sicherheitspfeiler weitere Abbauverluste mit sich bringt. So erschien es zweckmäßig, die Lücken zwischen den Tiefbohrungen mit Hilfe geophysikalischer Verfahren zu überbrücken.

Die Erfassung von Auslaugungserscheinungen mittels geophysikalischer Verfahren

Elektrische Methoden

Die im Untersuchungsgebiet meist geringe Tiefe der Salzoberfläche (150—400 m) ist an- und für sich günstig für die Anwendung von elektrischen Widerstandsverfahren. Bereits im Jahre 1938 versuchte die Reichsanstalt für Bodenforschung eine Lokalisierung der Auslaugungszonen mit Hilfe elektrischer Widerstandsverfahren. Man ging dabei von der falschen Annahme aus, daß über dem intakten Salzgebirge keine Durchfeuchtung möglich ist. Das Kluftvolumen des Plattendolomits ist jedoch bereits im ursprünglichen Zustand mit einer schwachen Salzlösung erfüllt. Seit Jahren werden nun zusätzlich die Endlaugen der Kaliproduktion (hochprozentige Magnesiumchlorid- und Natriumchloridlösungen) unter hohem Druck in den Plattendolomit gepreßt. Das Dolomitwasser weicht diesem Druck aus und dringt bevorzugt in Auslaugungsgebieten sogar bis an die Oberfläche. Es ist also mit einer Versalzung ausgedehnter Zonen des Deckgebirges, auch über intaktem Steinsalz, zu rechnen.

Unter Berücksichtigung dieser Verhältnisse wurde im Jahre 1958 im Rahmen einer Diplomarbeit des Instituts für angewandte Geophysik Freiberg von WAGNER untersucht, ob sich die Auslaugungsgebiete von den übrigen Gebieten durch eine Veränderung der Widerstandskurven unterscheiden.

Bei diesen Messungen war es jedoch nicht möglich, tiefer als bis zum Niveau des Plattendolomits vorzudringen. Die Tiefensondierungskurven zeigten alle unter einer sehr niederohmigen Zone im Bereich Obere Letten bis Plattendolomit ein starkes Ansteigen des spezifischen Widerstandes. Die niederohmige Zone mit nur 6—10 Ohmmetern wird wahrscheinlich durch die erwähnten Salzlösungen verursacht. Aus dem Anstieg des spezifischen Widerstandes unter dem Niveau des Plattendolomits waren keine Anhaltspunkte über etwa vorhandene Laugenansammlungen direkt über dem Salz zu entnehmen. Selbst bei starker Vergrößerung des Elektrodenabstandes erreicht man keine Verbesserung der Aussagekraft, was einer Abschirmung der tieferen Horizonte durch die gut leitenden, mit Dolomitwasser erfüllten Deckschichten gleichkommt.

Versuche, elektromagnetische Messungen zur Ortung von tektonischen Störungen einzusetzen, wurden im Jahre 1961 von FRANKE (VEB Geophysik) durchgeführt. Dieses Verfahren setzt genügend große Leitfähigkeitsunterschiede zwischen ungestörtem Gebirge und den Störungszonen voraus. Im Unteren Buntsandstein ist jedoch mit solchen Unterschieden kaum zu rechnen. Er besitzt eine tonig-feinsandige Struktur und ist allgemein niederohmig. Die Meßergebnisse waren dementsprechend wenig aussagekräftig. Es konnten einige herzynisch streichende Gebiete geringerer Leitfähigkeit ermittelt werden, eine sichere geologische Deutung war jedoch nicht möglich.

Gravimetrische Messungen

Versuche zur gravimetrischen Ortung der Auslaugungsgebiete gehen von der Annahme aus, daß die durch Ablaugung verlorengegangenen Salzmassen vollständig durch spezifisch schwerere Gesteine aus dem Hangenden ersetzt wurden. Bei einer Dichtedifferenz von etwa 0,1 bis 0,2 Gramm/cm^3 und vollständiger Ablaugung des Salzes wäre dann nach BREMER (VEB Geophysik) ein Schwereüberschuß von ca. 1 bis 2 mGal zu erwarten. In den lokalen Auslaugungssenken und im Bereich des Salzhanges ist jedoch nur ein Teil des Salzes abgelaugt. Dadurch wird der Schwereüberschuß in diesen Gebieten wesentlich geringer sein. Eine sichere geologische Deutung solch geringer Schweredifferenzen ist nur möglich, wenn diese nicht von anderen Schwerestörungen überlagert werden.

Die im Jahre 1958 von BEIN und 1961 von BREMER durchgeführten Schweremessungen zeigen jedoch, daß die Salzverbreitung keinesfalls einen dominierenden Einfluß auf das Schwerebild hat. Dieses wird im wesentlichen von regionalen Anomalien beherrscht, deren Ursache nicht in der Sedimentbedeckung liegen kann, denn die Amplitude dieser Störbeträge übersteigt die durch Salzauslaugung möglichen Werte um ein Mehrfaches.

Auch die nach Abzug der regionalen Anomalien verbleibenden Restfelder und die zweiten Ableitungen nach der Tiefe zeigen keinen eindeutigen Zusammenhang mit der Salzverbreitung. Vor allem überrascht die Tatsache, daß so große Auslaugungssenken wie die von Oberzella, in deren Zentrum mit vollständigem Fehlen des Salzes gerechnet werden muß, nicht im Schwerebild angedeutet sind.

Dies läßt vermuten, daß die erwähnte Voraussetzung nicht immer zutrifft, nach der das abgelaugte Salz durch spezifisch schwerere Gesteine aus dem Hangenden ersetzt wird.

Einmal ist durch die Einsturzvorgänge eine Auflockerung des Deckgebirges möglich. Zum anderen kommt es über starken Ablaugungsgebieten zur Ablagerung von jüngeren Sedimenten mit geringerer Dichte (Tertiär und Pleistozän). Diese leichten Sedimente liegen näher zur Oberfläche als die Zone der Salzauslaugungen. Sie wirken sich deshalb bei gleicher Mächtigkeit stärker im Schwerebild aus als die Salzauslaugung. So kann eine Auslaugungszone je nach den geologischen Verhältnissen entweder als Schweremaximum oder auch als Schwereminimum auf der Karte erscheinen. In ungünstigen Fällen kompensieren sich die Schwereeffekte, so daß die Auslaugung in den Schwerekarten überhaupt nicht in Erscheinung tritt.

Aus diesen Betrachtungen geht hervor, daß eine quantitative Ermittlung der Salzablaugung aus dem Schwerebild nicht möglich ist.

Seismische Reflexionsmessungen

Die Ablaugungserscheinungen bergen für den Bergbau dann ernste Gefahren, wenn größere Partien des hangenden Steinsalzes über dem Kalilager der Auslaugung zum Opfer gefallen sind bzw. wenn Wasser aus dem Deckgebirge entlang offener Spalten Zutritt zu den Grubenbauen findet. Die größte Wahrscheinlichkeit für das Auftreten solcher Spalten besteht in Verwerfungszonen mit bedeutender Sprunghöhe. Erfahrungsgemäß sind durch seismische Reflexionsmessungen sowohl bedeutende Veränderungen der Schichtmächtigkeit als auch größere Verwerfungen erfaßbar, wenn markante seismische Leithorizonte vorhanden sind.

Besonders leicht ist eine Bestimmung der Salzmächtigkeit möglich, wenn es gelingt, sowohl von der Salzoberfläche als auch von der Basis des Salzes Reflexionen zu erhalten. In diesem Falle ist die Laufzeitdifferenz zwischen den beiden Reflexionen proportional der Salzmächtigkeit, wobei der Proportionalitätsfaktor die vertikale Wellengeschwindigkeit im Salz ist. Letztere ist experimentell bestimmbar.

Bei reflexionsseismischen Versuchsmessungen im Jahre 1958 sowie bei den ab 1960 durchgeführten flächenhaften Vermessungen zeigte es sich, daß im Werragebiet tatsächlich nur zwei bedeutende Reflexionshorizonte vorhanden sind.

Der obere Horizont ist jedoch nicht die Salzoberfläche, sondern der etwa 25 m mächtige Plattendolomit, der mit großer Regelmäßigkeit ca. 80—90 m über dem Salz lagert. Reflexionen von der Salzoberfläche sind von untergeordneter Bedeutung, sie gehen meist in den kräftigen Schwingungen der Reflexionen vom Plattendolomit unter.

Bisweilen treten auch Schwingungsphasen auf, deren Ursprung mitten im Salz zu liegen scheint, sie konnten jedoch in den meisten Fällen als Mehrfachreflexionen erkannt werden.

0,1—0,2 Sekunden nach der Reflexion des Plattendolomites erscheint eine weitere Welle auf dem Seismogramm, die als Reflexion von den Grenzflächen Salz — Anhydritknotenschiefer — Zechsteinkalk — Rotliegendes gedeutet werden muß. Eine eindeutige Zuordnung zu einer einzigen Schichtgrenze ist infolge der großen Wellenlänge der seismischen Wellen nicht möglich, da die genannten Schichtgrenzen nur jeweils wenige Meter voneinander entfernt sind.

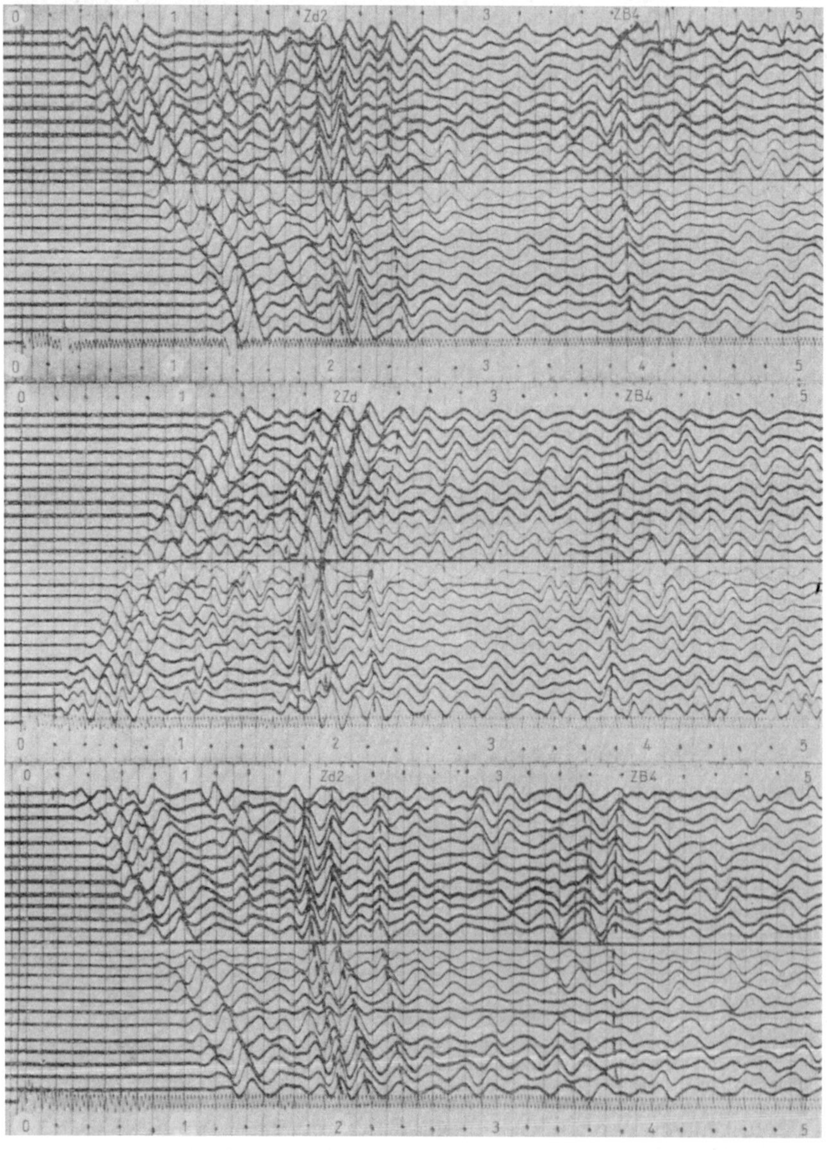

Abb. 1. Reflexionsseismogramme, über intaktem Salzgebirge registriert
Zd = Plattendolomit; ZB ∼ Anhydritknotenschiefer

Abb. 1 zeigt Seismogramme, wie sie bei ungestörter Lagerung beobachtet werden. Deutlich ist als 1. Reflexion die des Plattendolomits zu erkennen. Sie besteht aus mehreren Schwingungsphasen mit einer Hauptfrequenz von 60 bis 70 Hz. 0,06 Sekunden später folgen die wesentlich schwächeren Einsätze von der Salzoberfläche. Die Reflexion aus dem Liegenden des Salzes tritt meist als schwache Doppelschwingung auf. Ihre Hauptfrequenz ist etwas niedriger (40—50 Hz). Die Amplituden dieser Reflexion unterliegen regionalen Schwankungen. Südlich der Werra sind sie ebenso kräftig wie die der ersten Reflexion. In weiten Teilen des nördlichen Werragebietes sind sie jedoch sehr schwach.

Aus der Profildarstellung der Reflexionshorizonte lassen sich wichtige Einzelheiten über Auslaugung und Tektonik entnehmen. Ist die primäre Mächtigkeit des gesamten Werra-Steinsalzes über weite Strecken konstant, so ist aus der Mächtigkeitsbestimmung mittelbar eine Feststellung des Auslaugungsgrades möglich. So zeichnen sich lokale Auslaugungssenken durch eine schüsselförmige Einsenkung des Plattendolomites ab, während die Basis des Salzes nahezu horizontal lagert.

Abb. 2 zeigt einen Querschnitt durch die Senke Abteroda. Am Salzhang bei Berka und am Nordwestrand der Auslaugungssenke Vacha—Oberzella ist der zum salzfreien Zechstein stark geneigte Plattendolomit und die rasche Abnahme der Salzmächtigkeit besonders deutlich zu erkennen (siehe auch Abb. 3).

Zeitschrift für angewandte Geologie, Bd. 10 (1964) Heft 4

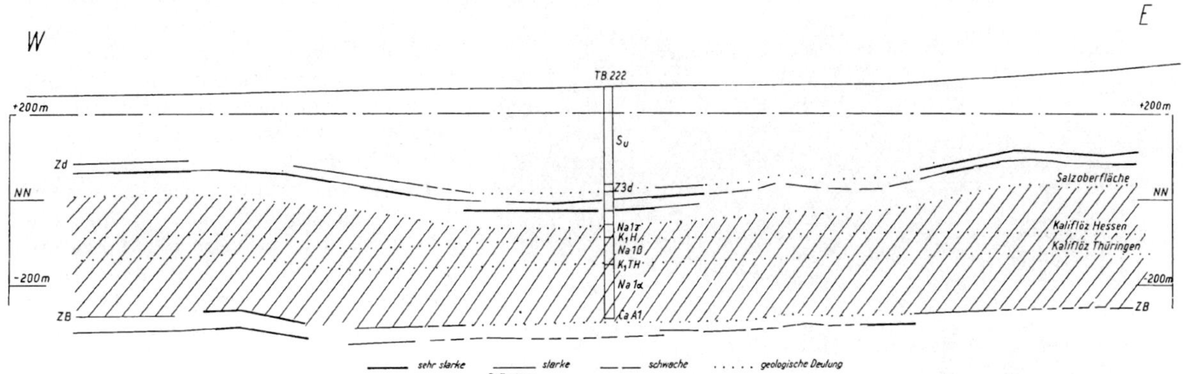

Abb. 2. Reflexionsseismisches Profil (vereinfacht) durch die Auslaugungssenke Abteroda

Schraffiert: Salz

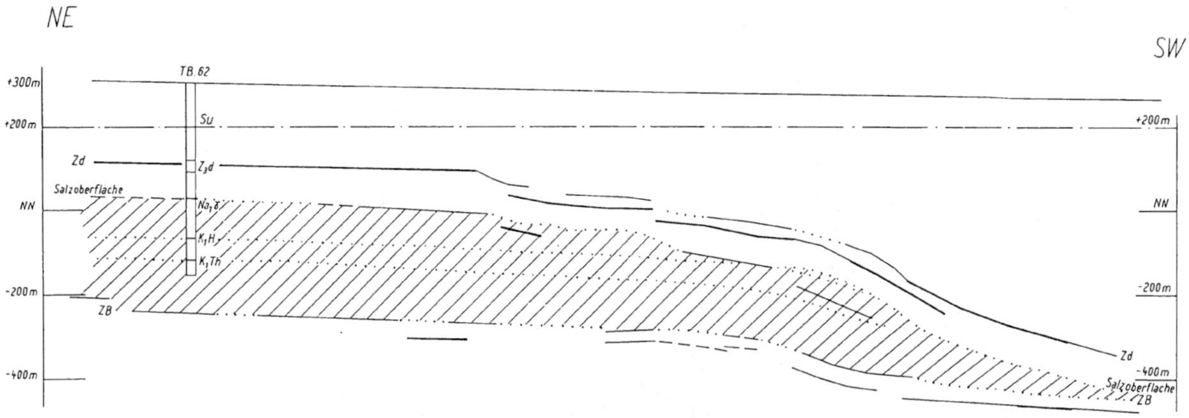

Abb. 3. Reflexionsseismisches Profil (vereinfacht) am Nordwestrand der Auslaugungssenke Vacha — Oberzella

Seismische Refraktionsmessungen

Nicht überall sind die Bedingungen für Reflexionsmessungen günstig. Im Werragebiet vor allem dort, wo durch starke Auflösung des Salzes und ungleichmäßiges Nachstürzen des Deckgebirges keine hinreichend ebenen Reflektoren mehr vorhanden sind. Auch die Morphologie der Oberfläche sowie dichte Bebauung verhindern oft die Anlage von Reflexionsprofilen.

Solche Einschränkungen gelten für Refraktionsmessungen nicht. Refraktionswellen entstehen auch an sehr unregelmäßig ausgebildeten Grenzflächen, und bei der Festlegung der Schußpunkte ist man bei Refraktionsprofilen nicht an ein starres Schema gebunden, so daß Geländeschwierigkeiten leichter überwunden werden können. Als brechende Grenzflächen treten im Zechstein der Plattendolomit und vor allem die Salzoberfläche direkt auf. Die Geschwindigkeit der seismischen Wellen entlang dieser Grenzfläche beträgt 3800 bis 4200 m/s bzw. 4100—5000 m/s.

Erfahrungsgemäß konnte durch die Refraktionsmessungen in den meisten Fällen die Salzoberfläche gut erfaßt werden. Vor allem bilden sich Verwerfungen an der Salzoberfläche und lokale Auslaugungstrichter auf dem Seismogramm deutlich ab (Abb. 4).

Refraktionsprofile eignen sich vornehmlich zur Verdichtung der Reflexionsmessungen. Auch Refraktionsquerprofile, die einen sehr geringen Meßaufwand erfordern, fanden bei der Festlegung steiler Auslaugungsränder Verwendung. Nachteile der Refraktionsmessungen ergeben sich daraus, daß Horizonte an der Basis des Salzes nicht erfaßt werden.

Der direkte Nachweis von Auslaugungserscheinungen

Bei günstigen Verhältnissen war es möglich, durch eine Analyse des Wellenbildes direkt aus dem Seismogramm auf Auslaugungserscheinungen und Einsturzgebirge zu schließen, ohne den Umweg über die Ermitt-

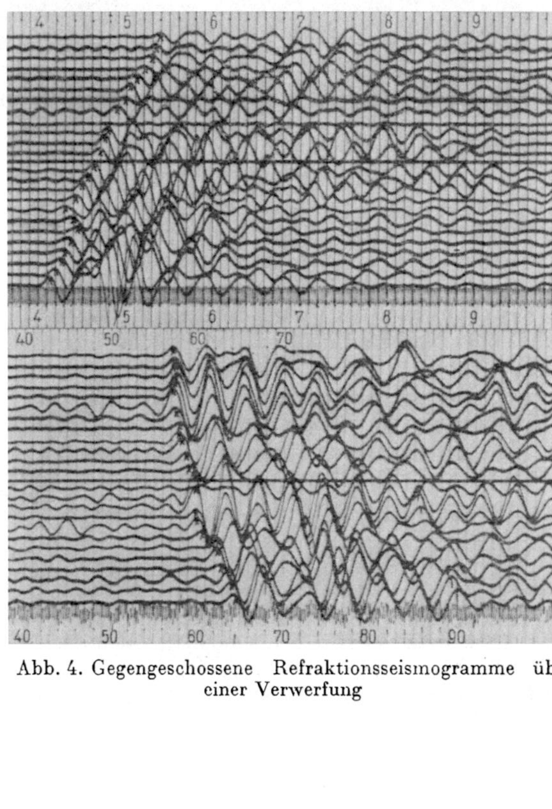

Abb. 4. Gegengeschossene Refraktionsseismogramme über einer Verwerfung

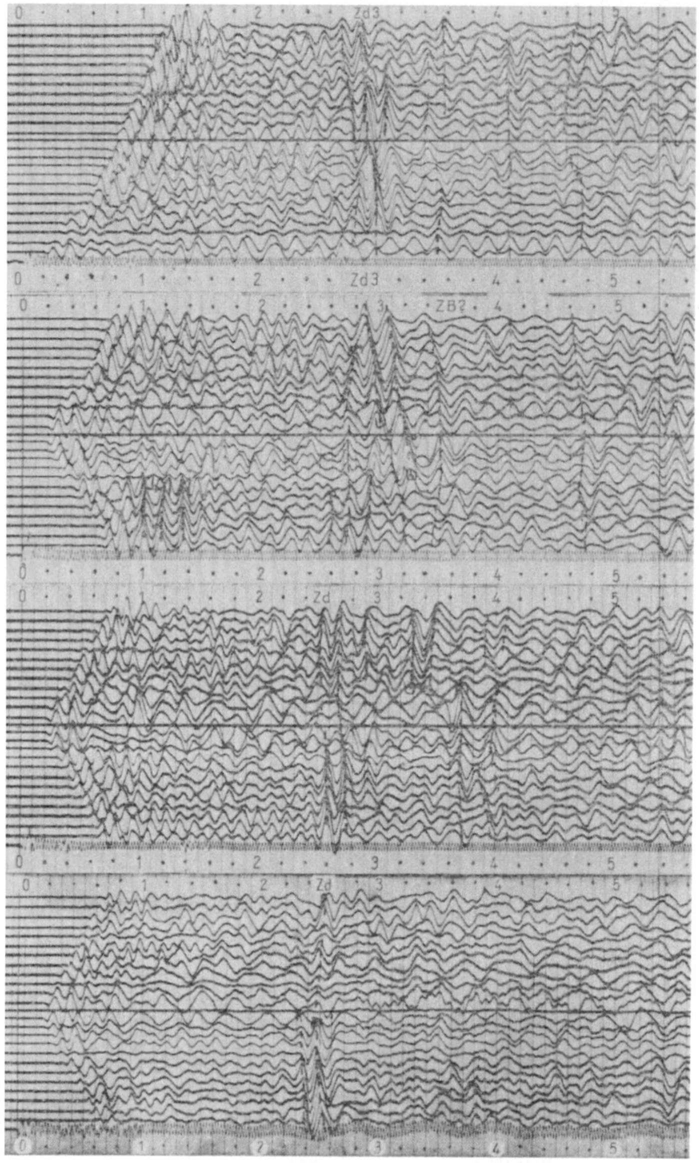

Abb. 5. Reflexionsseismogramme über stark zerstörtem Plattendolomit am Salzhang bei Berka (Werra)

lung der Salzmächtigkeit zu beschreiten. Es handelt sich um solche Gebiete, in denen durch die Auflösung der Salzmassen das Deckgebirge in charakteristischer Weise verändert wurde. So zerbricht vor allem der Plattendolomit infolge ungleichmäßiger Setzung in einzelne Schollen. Dieses Auseinanderbrechen, begünstigt durch die starke Klüftung des Gesteins, wirkt sich auch auf die Reflexionseigenschaften aus. Während der unzerstörte Plattendolomit einen sehr guten Reflektor darstellt, bei dem das Schwingungsbild der Reflexion über viele Seismogramme konstant bleibt, reflektiert er in den Auslaugungszonen nur unregelmäßig. Häufige Unterbrechungen der Phasenkorrelation wechseln hier mit plötzlichen Amplitudenschwankungen. Auf Abb. 5 sind typische Seismogramme dieser Art dargestellt.

Selbstverständlich ist nach dieser Methode nur eine qualitative Abgrenzung von Auslaugungszonen möglich. Das Verfahren kann jedoch wertvolle Hinweise in solchen Gebieten liefern, in denen die primäre Salzmächtigkeit nicht bekannt ist. Auch geringmächtige flächenhafte Ablagerungen können auf diese Weise ermittelt werden.

Erschwerend wirken sich Inhomogenitäten an der Erdoberfläche sowie die Regelautomatik der seismischen Apparaturen aus. Ein Verzicht auf letztere ist jedoch kaum möglich, wenn man überhaupt brauchbare Seismogramme erhalten will.

Einige Ergebnisse der Messungen

Neben einer Kartierung des Plattendolomits war erstmalig eine zusammenhängende Höhenliniendarstellung der Basis des Salinars möglich. Für das Auslaugungsproblem sind diese Karten jedoch nur mittelbar von Interesse und sollen deshalb hier nicht beschrieben werden.

Als Endergebnis der Messungen entstanden eine Mächtigkeitskarte des Werrasteinsalzes und eine des Oberen Werrasteinsalzes. Für beide Mächtigkeitskarten mußten zunächst die Höhenlinien der Salzoberfläche ermittelt werden. Soweit diese nicht durch Refraktionsmessungen direkt erfaßt wurden, erfolgte eine Ableitung aus den ca. 80—90 m höher liegenden Höhenlinien des Plattendolomits. Ein solches Verfahren ist unter Benutzung der zahlreichen Tiefbohrungen erlaubt, da Mächtigkeitsschwankungen größer als die seismische Meßgenauigkeit bei den Schichten zwischen Plattendolomit und Salzoberfläche im gesamten Meßgebiet nicht festgestellt wurden.

Während zur Herstellung der Isopachen des gesamten Werrasalzes die Salzoberfläche auf die seismisch kartierte Basis des Salzes bezogen wird, dient bei der Mächtigkeitsdarstellung des Oberen Werrasteinsalzes das Obere Kalilager als Bezugshorizont, das seismisch nicht erfaßbar ist.

Die Kartendarstellung des Oberen Werrasteinsalzes muß sich deshalb auf das unmittelbare Bergbaugebiet beschränken, wo das Kalisalzflöz an Hand zahlreicher Tiefbohrungen und Grubenaufschlüsse genügend bekannt ist.

Die Genauigkeit der Isopachendarstellung ist von der Meßdichte und der Qualität des seismischen Materials abhängig. Sie ist deshalb für die einzelnen Teile des Meßgebietes unterschiedlich.

Bis zum Plattendolomit konnte bis auf einige Ausnahmen in den Zentren der Auslaugungssenken die mittlere Geschwindigkeit der seismischen Wellen mit einem Fehler von weniger als 5% bestimmt werden. Dies entspricht bei 200—300 m Teufe dieses Horizontes einem möglichen Fehler von ± 10 bis ± 15 m. Korrelationsfehler konnten durch die Vergleichsmöglichkeiten mit ca. 50 Tiefbohrungen weitgehend ausgeschaltet werden. Fehler, die durch die geologische Interpretation enstehen, dürften im Niveau der Salzoberfläche und des Oberen Kalilagers ebenfalls ± 20 m nicht über-

Zeitschrift für angewandte Geologie, Bd. 10 (1964) Heft 4

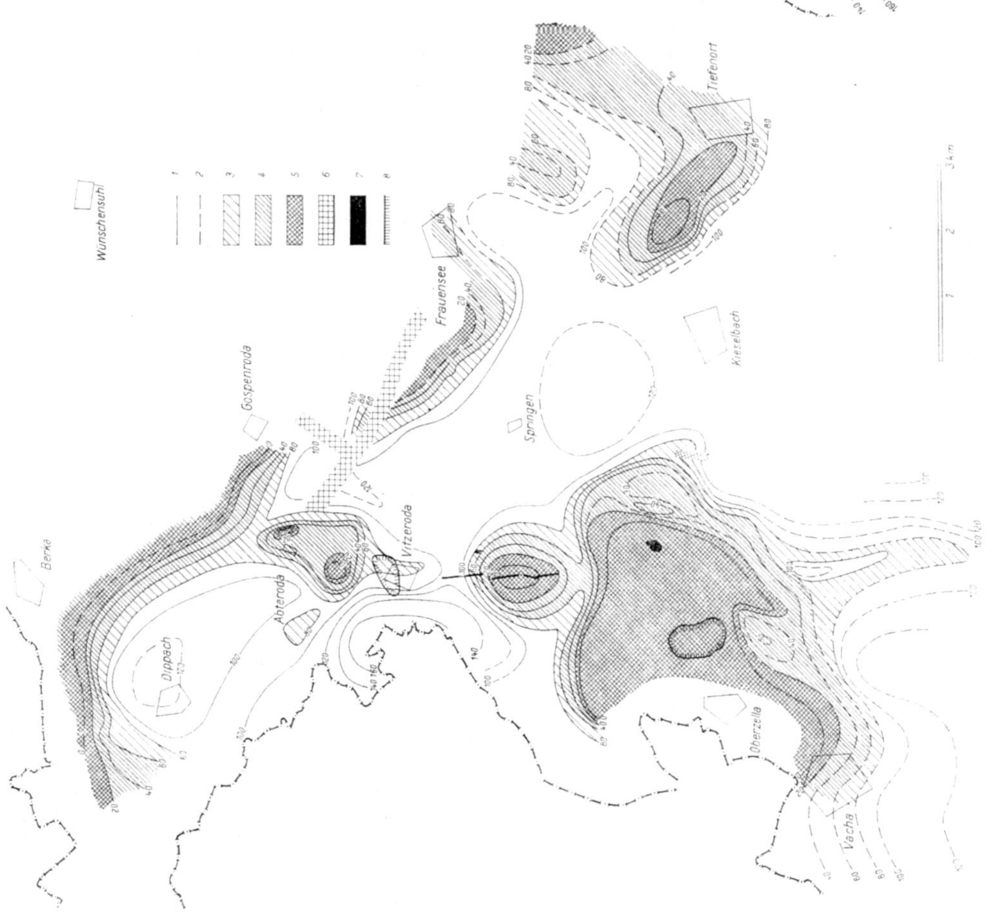

Abb. 6. Mächtigkeitskarte des Oberen Werrasteinsalzes nach seismischen Messungen, Untertageaufschlüssen und Tiefbohrergebnissen

1 – Isopachen, bei größerer Meßdichte interpoliert; 2 – Isopachen, nach wenigen Meßwerten interpoliert 3–5 – Auslaugungsgebiete mit unterschiedlichem Auslaugungsgrad; 6 – Störungszone nach seismischen Messungen; 7 – Basalt; 8 – Basaltbrekzie

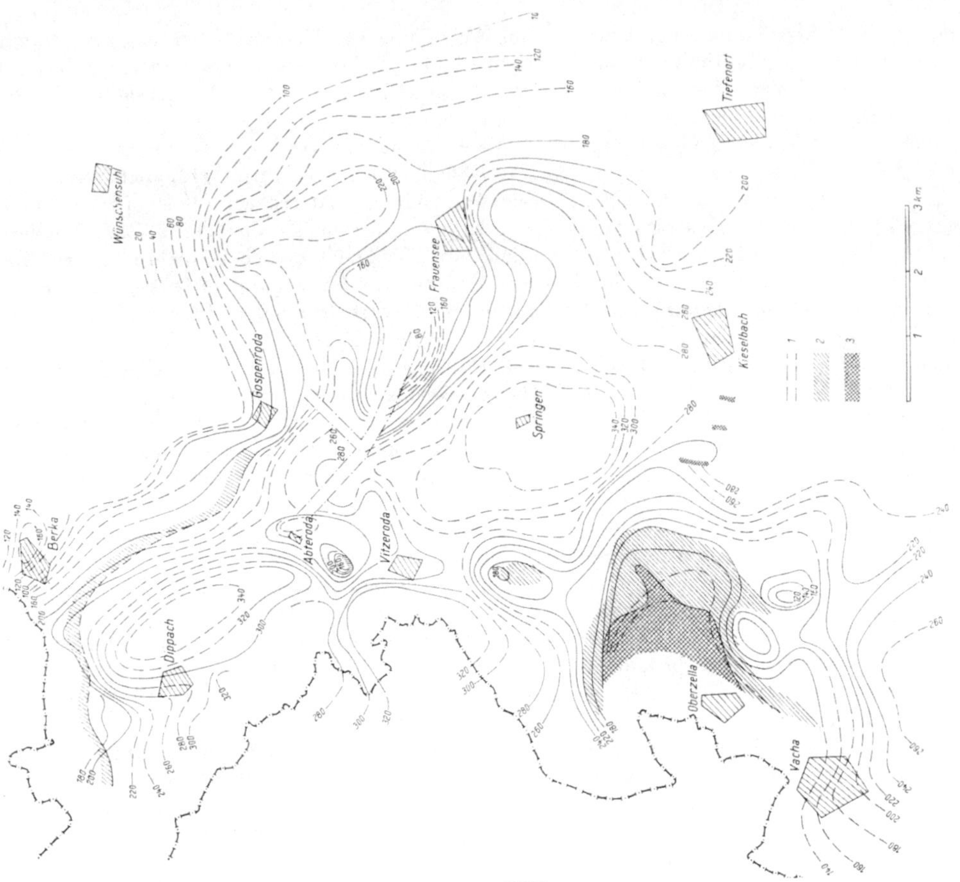

Abb. 7. Mächtigkeitskarte des Werrasteinsalzes nach seismischen Messungen

1 – Störungszonen nach seismischen Messungen, 2 – Oberes Werrasteinsalz fehlt, 3 – Oberes und Mittleres Werrasteinsalz fehlen

steigen, da hier genügend Aufschlüsse vorhanden sind. Wesentlich ungenauer ist die Teufenbestimmung der Basis des Salinars. Korrelationsfehler, Ungenauigkeit der Geschwindigkeitsbestimmung und der Mangel an Bohraufschlüssen können zu Teufenabweichungen von 40—50 m führen.

Die Mächtigkeitskarte des Oberen Werrasteinsalzes (Abb. 6) ist aus diesen Gründen mit einer Toleranz von ± 20 m, die des gesamten Werrasteinsalzes (Abb. 7) mit einer solchen von ± 30 m zu verstehen. Die Gebiete mit starker Ablaugung sind durch Schraffur gekennzeichnet.

Der bereits geologisch nachgewiesene Salzhang konnte durch die seismischen Messungen bestätigt und sein Verlauf im einzelnen verfolgt werden. Bei Dippach am Nordwestrand der Karte ist seine Neigung nach Nordwesten noch sehr gering. Erst im Raum Berka und südwestlich Gospenroda ist ein steiler Salzhang ausgebildet. Südwestlich Gospenroda verläuft dabei die Auslaugungsgrenze etwa 300 m nördlicher als vermutet. Etwa südöstlich Gospenroda erfolgt ein allmählicher Übergang vom Salzhang zum Salzspiegel. Die horizontale Ablaugungsfläche des Salzspiegels erstreckt sich nach Osten bis in den Raum Bad Salzungen—Barchfeld. Aus dem Reflexionsbild geht hervor, daß eine geringmächtige flächenhafte Ablaugung bis nahe östlich von Tiefenort reicht. Nördlich der Auslaugungssenke Frauensee war mangels Bohraufschlüssen eine gesonderte Darstellung der Mächtigkeit des Oberen Werrasteinsalzes nicht möglich. Die Karte des gesamten Werrasteinsalzes zeigt hier Werte von weniger als 200 m Mächtigkeit. Auch die Ausbildung der Reflexionen vom Plattendolomit deutet im gesamten Gebiet auf eine flächenhafte Ablaugung, so daß die Annahme einer Zone intakten Salzgebirges nördlich der Senke Frauensee und nordöstlich der Senke Dönges nicht aufrechterhalten werden kann.

Beide Senken stellen nur Zonen besonders starker Auslaugungen im Bereich des Salzspiegels dar. Gleiches gilt für die Senken Tiefenort und Kieselbach. Diese nach ursprünglicher Ansicht selbständigen Senken bilden eine gemeinsame Auslaugungssenke. Die stärkste Ablaugung liegt dabei in dem ursprünglich als ablaugungsfrei angesehenen Gebiet zwischen den Senken. Die Südgrenze der Senke liegt noch ca. 300 m nördlicher als vermutet. Sie ist deutlich durch das völlige Aussetzen der Reflexionen erkennbar.

Von der großen Auslaugungssenke Vacha — Oberzella wurde die Süd-, Ost- und Nordostbegrenzung seismisch untersucht. Die Messungen zeigen, daß die Auslaugung im Süden ca. 400 m weiter südlich reicht. Der östliche Rand der Senke verläuft bei Dorndorf an der durch Oberflächenkartierung nachgewiesenen Stelle. Nördlich davon holt er jedoch 700—800 m weiter nach Osten aus. Die bereits durch Tiefbohrungen und Untertageauffahrungen angetroffene nördliche Ausbuchtung der Senke wurde durch mehrere Refraktionsprofile untersucht, und ihre Grenzen wurden fixiert. Im Zentrum der Senke muß nach den Ergebnissen eines Reflexionsprofils mit fast vollständiger Ablaugung des gesamten Werrasteinsalzes gerechnet werden.

Die Existenz der Senke Vitzeroda war bereits vor der Untersuchung fraglich. Ihre ungünstige Lage direkt unter dem Ort Vitzeroda und die Oberflächengestalt des Geländes erschweren auch ihre seismische Erkundung. Die Ergebnisse eines dichten Profilnetzes zeigen, daß eine Ablaugung von Norden bis an den Ort Vitzeroda reicht. Es handelt sich jedoch nicht um eine selbständige Senke, sondern um einen südlichen Ausläufer der Senke Abteroda.

Die Auslaugungssenke Abteroda nimmt einen wesentlich größeren Raum ein, als ursprünglich vermutet. Sie reicht im Süden bis Vitzeroda, im Westen bis dicht an die Staatsgrenze, und im Norden besitzt sie eine Verbindung zum Salzhang westlich Gospenroda. Erwähnenswert sind die tiefe Auslaugung im Zentrum der Senke sowie der nordöstliche Rand der Senke, der die Form eines steilen Abbruchs besitzt.

Beim Betrachten des westlichen Teiles der Karte des Oberen Werrasteinsalzes kommt man zu der Auffassung, daß die Zone verminderter Salzmächtigkeiten auf der Linie Abteroda—Vitzeroda—Martinroda eine Nord—Süd streichende tektonische Schwächezone darstellt, auf der die Oberflächenwässer Zutritt zum Salz fanden. Unterstützt wird diese Vermutung durch die zahlreichen Basaltvorkommen auf dieser Linie.

Im Bereich der Senke Lindenau und Frauensee führten die Messungen am Süd- und Südwestrand sowie im Nordwesten der Senke zur Darstellung des Oberen Werrasteinsalzes. Nördlich und nordöstlich der Senke ist diese Darstellung nicht möglich, da die Lage des Kalisalzflözes nicht bekannt ist.

Als wichtiges Ergebnis ist hier die Abgrenzung einer Störungszone zu betrachten, die mit westnordwestlichem Streichen in Fortsetzung der langgestreckten Senke Lindenau—Frauensee bis zur Senke Abteroda reicht. Diese Störung ist vor allem an der Zechsteinbasis ausgebildet und erreicht hier Sprunghöhen bis zu 60 m. An der Erdoberfläche ist sie infolge der intensiven Salzablaugung in ihrer Umgebung nicht zu erkennen. Vermutlich besteht eine Fortsetzung der Störungszone nach Südosten über das Erdfallgebiet der ,,Hohlen Berge" bis zu den Einbruchstrichtern bei Frauensee und Dönges.

So erbrachten die seismischen Meßergebnisse teils eine Bestätigung der bereits durch andere Methoden bestimmten Grenzen der Ablaugungsgebiete, teils jedoch erhebliche Veränderungen gegenüber dem bisher bekannten Bild.

Die Messungen werden z. Z. im südlichen Vorfeld des Kalikombinates im Raum Stadtlengsfeld und Geisa fortgesetzt. Wie bereits aus den vorläufigen Meßergebnissen zu erkennen ist, sind hier in weit größerem Umfange neue Erkenntnisse über die Tektonik und Auslaugung im Zechstein zu erwarten als in dem geologisch wesentlich dichter untersuchten nördlichen Werragebiet.

Zusammenfassung

Die Auslaugungszonen im Salinar des Werrakalireviers stellen eine Gefahr für den Bergbau dar. Ihre Abgrenzung erfolgte bisher nach Oberflächenkartierungen, UT- und OT-Bohrungen. Neuere Bohrergebnisse zeigten aber, daß noch nicht alle Einzelheiten der sehr unregelmäßigen Auslaugungszonen bekannt waren. Versuche, die Salzverbreitung mittels gravimetrischer Messungen zu bestimmen, blieben ebenso erfolglos wie die Suche nach Laugenansammlungen an der Salzoberfläche mittels elektrischer Tiefensondierungen. Reflexionsseismische Messungen erfassen zwei Leithorizonte, den Plattendolomit im Hangenden des Salzes und einen Horizont in der Nähe der Basis des Salinars. Die geologische Deutung der seismischen Profile wird durch die regelmäßige Lagerung der stratigraphischen Horizonte erleichtert. So können aus der seismischen Profildarstellung die Salzmächtigkeit und damit Auslaugungszonen ermittelt werden. Teilweise gelingt eine Abgrenzung von Auslaugung gegen intaktes Gebirge direkt aus dem Seismogramm.

Als wichtigstes Ergebnis der Messungen wird eine Mächtigkeitskarte des Oberen Werrasteinsalzes gezeigt, die den neuen Erkenntnisstand der Auslaugungssituation im nördlichen Werragebiet widerspiegelt.

Резюме

Зоны выщелачивания в соли района калийных солей ,,Верра" представляют собой опасность для горного дела. Их оконтуривание производилось до сих пор по данным поверхностной съемки и отдельных глубоких скважин. Новейшие же результаты бурения показывали, что еще не были известны все подробности крайне неравномерных зон выщелачивания. Опыты по определению распространения соли гравиметрическими измерениями закончились также безуспешно, как и поиски накоплений рассолов на поверхности соли методом ВЭЗ. Измерения МОВ охватывают два руководящих горизонта — плитчатый доломит в кровле соли и горизонт вблизи подошвы соленосной серии. Геологическая интерпретация сейсмических профилей облегчается равномерным залеганием стратиграфических горизонтов. Таким образом, по сейсмическим профилям можно определить мощность соли и этим самым наличие зон выщелачивания. Частично удается отграничение зон выщелачивания и ненарушенных пород непосредственно по сейсмограмме.

Как важнейший результат измерений приводится карта мощностей каменной соли верхней серии ,,Верра", которая отражает новый уровень знания о выщелачивании в северной части района ,,Верра".

Summary

The leaching zones in the salt of the Werra potash district are a danger to mining operations. Their boundaries were hitherto limited in conformity with surface mappings and some deep boreholes. However, recent boring results have shown that some details of the very irregular leaching zones were still unknown. Tests to determine the distribution of the salt by gravimetric measurements were unsuccessful, as was the search for lye accumulations at the surface of the salt by means of electric depth sonndings. Two key horizons, the plate dolomite in the roof of the salt and a horizon near the base of the saliniferous seam, are determined by seismic reflection measurements. A regular bedding of the stratigraphic horizons facilitates the interpretation of the seismic profiles from a geological point of view. Thus the seismic profile representation enables to determine the thickness of the salt and also its leaching zones. In part, their delimitation from intact rock is possible immediately from the seismogram.

The most important result obtained by the measurements is a thickness map of the rock salt of the upper Werra. It reflects the new status of knowledge of the leaching situation in the northern Werra district.

Literatur

HAASE, G. & S. OETTEL: Beitrag zur Kenntnis der Auslaugungserscheinungen im Werra-Kaligebiet. – Bergakademie, 15, 5, S. 370–375, Berlin 1963.

HOPPE, W.: Die Kali- und Steinsalzlagerstätten des Zechsteins. – Freiberger Forsch.-H., C 97/I, Berlin 1960.

HUMMEL, K.: Die tektonische Entwicklung eines Schollengebirgslandes (Vogelsberg und Rhön). – Fortschr. Geol. Pal., VIII, 24 (1929).

KOENEN, V., u. a.: Erläuterungen zur geologischen Karte von Preußen und benachbarten Gebieten, Blatt Vacha. – Preuß. geol. Landesanst., Berlin 1925.

MOESTA, F., u. a.: Erläuterungen zur geologischen Karte von Preußen und benachbarten Gebieten, Blatt Berka. – Preuß. geol. Landesanst., Berlin 1925.

UHLMANN, M. & U. WINTER: Angewandte Geophysik im Bergbau. – Teil I u. II, Bergakademie 6/1962, S. 407–715; 7/1962, S. 497–505.

WAGNER, F. W.: Ein geophysikalischer Beitrag zum Auslaugungsproblem Bad Salzungen. – Dipl.-Arb., Inst. f. angew. Geophysik der Bergakademie Freiberg (unveröff.).

WEBER, H.: Pliozän und Auslaugung im Gebiet der oberen Werra. – Geologica, H. 8, Berlin 1952.

Zahlreiche unveröffentlichte Ergebnisberichte über geophysikalische Messungen aus dem Archiv des VEB Geophysik Leipzig.

Zwei rationelle Nomogramme zur Bestimmung der Kluftporosität und -permeabilität klüftiger Gesteine[1]

CHRISTO K. CHRISTOW, Sofia

In dem Beitrag ,,Kernanalysen zur Bestimmung der Speichereigenschaften klüftiger Gesteine" (Z. angew. Geol., H. 2, 1963, S. 64–66) führt W. M. BORTNIZKAJA u. a. zwei Formeln zur analytischen Erfassung der Porosität und der Permeabilität klüftiger Gesteine an. Zur Erleichterung der praktischen Arbeit werden zwei Nomogramme vorgeschlagen und die Arbeit mit ihnen an Hand von zwei Beispielen erläutert. Diese Nomogramme weisen jedoch einige Nachteile auf, die zu der nachfolgenden Analyse der Nomographierbarkeit der Formeln den Anlaß gaben. Im folgenden wird die Methodik einer nomographischen Analyse kurz besprochen, und zwei neue, rationelle Nomogramme zur Bestimmung der Kluftporosität und der Kluftpermeabilität werden beschrieben.

1. Analyse der Nomographierbarkeit der verwendeten Formeln

Nomogramme erleichtern bekanntlich die Rechenarbeit wesentlich. Dies ist jedoch nur dann der Fall, wenn das Nomogramm eine günstige geometrische Struktur hat. Viele auf dem Gebiet der Nomographie führende Autoren weisen darauf hin, daß man die großen Möglichkeiten der Nomographie voll ausschöpfen müsse, um der Praxis rationelle Rechenmittel zu geben (H. SCHWERDT 1924, 1927, 1931; P. LUCKEY 1953; N. GLAGOLEW 1940; J. FISCHER 1958, 1959; M. W. PENTKOWSKIJ 1949; G. S. CHOWANSKIJ 1962). Dafür ist es notwendig, zuerst eine eingehende Analyse der Nomographierbarkeit der darzustellenden Gleichungen durchzuführen, und wenn die beste Lösung gefunden ist, kann man zu dem Entwurf des Arbeitsnomogramms übergehen. Dies soll am Beispiel der beiden erwähnten Formeln von BORTNIZKAJA gezeigt werden. (Näheres über diese Fragen siehe in C. K. CHRISTOW 1963.) Die Formeln lauten:

$$m_T = \frac{0{,}63 \cdot b \cdot l}{S} \cdot 100,\ \% \qquad (1)$$

und

$$K_T = \frac{1{,}05 \cdot 10^6 \cdot b^3 \cdot l}{S} \qquad (2)$$

[1]) Eingang des Manuskripts in der Redaktion: 15. 8. 1963

Darin bedeuten:

m_T = Kluftporosität in %
K_T = Kluftpermeabilität in md
b = Breite der Kluftöffnung in cm
l = Länge der Klüfte in cm
S = Fläche des Schliffes in cm²

Für eine konkrete Fläche (z. B.: S = 4 cm²) gehen (1) und (2) in die Funktionen mit zwei Veränderlichen

$$m_T = f(b, l) \tag{3}$$

$$K_T = \varphi(b, l) \tag{4}$$

über. In dieser Form gehören (3) und (4) zu der allgemeinen Schlüsselgleichung

$$z = f(x, y) \tag{5}$$

Am leichtesten — aber unter Umständen sehr aufwendig — wird für diese Gleichung ein Netznomogramm entworfen. Die Veränderlichen x und y werden dann als Abszissen- bzw. Ordinatenachse eines rechtwinkligen Koordinatensystems angenommen, und die Variable z stellt im allgemeinen eine Kurvenschar dar. Die beiden Nomogramme von BORTNIZKAJA sind solche Netztafeln. Eine Netztafel ist meistens unübersichtlich, die Interpolation ist erschwert, das Auge wird nach kurzer Arbeit müde. Dies alles kann zu Rechenfehlern führen.

Suchen wir jetzt andere Darstellungsmöglichkeiten! Wir wollen uns an dieser Stelle nur auf die Leitertafeln beschränken.

Durch Logarithmieren gewinnt man aus Gleichung (1) bzw. aus Gleichung (2)

$$\lg m_T = \lg \frac{0{,}63}{4} + \lg b + \lg l + \lg 100 \tag{6}$$

und

$$\lg K_T = \lg \frac{1{,}05 \cdot 10^6}{4} + 3 \cdot \lg b + \lg l \tag{7}$$

Setzen wir in Gleichung (6) die Funktionen

$$\left.\begin{aligned} f_3 &= \lg m_T \\ f_1 &= \lg b + \lg \frac{0{,}63}{4} + 100 \\ f_2 &= \lg l \end{aligned}\right\} \tag{8}$$

ein, so erhalten wir die Schlüsselgleichung einer Fluchtentafel mit drei parallelen geradlinigen Leitern (P. LUCKEY 1953):

$$f_3 = f_1 + f_2 \tag{9}$$

Damit ist bewiesen, daß Gleichung (1) durch ein Leiternomogramm nomographierbar ist.

Es ergibt sich, daß Gleichung (7) und somit Gleichung (2) zur gleichen Schlüsselformel (9) gehören.

Weiterhin könnte man zeigen, daß für (1) und (2) noch Flächenschiebernomogramme und Sonderrechenschieber existieren (H. SCHWERDT 1924; P. LUCKEY 1953; C. K. CHRISTOW 1963).

2. Entwurf der Arbeitsnomogramme

Nachdem Gleichung (1) und Gleichung (2) auf die Schlüsselgleichung (9) gebracht wurden, macht der Entwurf der Nomogramme keine Schwierigkeiten mehr.

Zunächst stellen wir fest, daß die beiden gewünschten Leiternomogramme logarithmische Geradenleiter haben. Ausgehend von einer besseren Genauigkeit wird das Zeichenblattformat ausgewählt. In den meisten Fällen genügt Format A 4. Die Nomogrammelemente kann man entweder mit Hilfe der Gleichung von SOREAU analytisch berechnen (SCHWERDT 1924, GLAGOLEW 1940, FISCHER 1958, CHRISTOW 1964) oder in einfacheren Fällen durch Anwendung praktischer geometrischer Methoden (LUCKEY 1953) konstruieren. Wir wählten Format A 4. Dann wurden die Maßstäbe festgelegt und die Abstände zwischen den einzelnen Leitern bestimmt. Für das m_T-Nomogramm ergaben sich die Maßstäbe $\mu_b = 18$ cm, $\mu_l = 9$ cm und

$$\mu_{m_T} = \frac{\mu_b \cdot \mu_l}{\mu_b + \mu_l} = 6 \text{ cm}$$

Die m_T-Ergebnisleiter teilt den Abstand zwischen den beiden Außenleitern (L = 12 cm) im Verhältnis 2:1. Für das zweite Nomogramm wurden die Maßstäbe $\mu_b = \mu_l = 20$ cm und $\mu_{K_T} = 5$ cm verwendet. Die K_T-Leiter ergab hier ein Abstandsverhältnis von 1:3. Mit diesen Maßstäben wurde die Leiter logarithmisch geteilt und entsprechend beziffert. Das fertige Nomogramm zur Bestimmung der Porosität ist in Abb. 1 dargestellt. Das Nomogramm für die Ermittlung der Permeabilität sehen wir in Abb. 2.

3. Das Rechnen mit den Nomogrammen

Jedes Nomogramm ist mit einem Schlüssel versehen, der die Rechenarbeit illustriert. Die gegebenen Größen sind mit einem einfachen Kreis und die Lösung mit einem doppelten Kreis gekennzeichnet. Die Ermittlung der m_T- bzw. K_T-Werte erfolgt äußerst einfach: Man findet die Punkte mit der Bezifferung der gegebenen b- und l-Werte und verbindet diese Punkte durch Anlegen eines Lineals miteinander. Die so angelegte „Ablesegerade" schneidet die mittlere Leiter in einem Punkt, dessen Bezifferung als das gesuchte Resultat abzulesen ist. Die Berechnung geschieht praktisch ohne Rechnen im eigentlichen Sinne des Wortes.

In den beiden Nomogrammen ist je ein Beispiel eingetragen. Gegeben sind b = 0,007 cm, l = 0,9 cm und S = 4 cm². Gesucht werden m_T und K_T.

Die Ablesegerade b = 0,007; l = 0,9 schneidet in Abb. 1 die m_T-Leiter in dem Ergebnis

$$m_T = 0{,}1\%$$

und in Abb. 2 die K_T-Leiter in dem Ergebnis

$$K_T = 81 \text{ md}$$

Die Strahlentafel von BORTNIZKAJA in dem Bereich b = 0,00—0,004 und m_T = 0,00—0,08 läßt keine Bestimmung von m_T zu, da der Koordinatennullpunkt zugleich Schnittpunkt der Strahlenbüschel ist. Dagegen kann man in dem Leiternomogramm (Abb. 1) Kluftporosität bis 0,0015% ermitteln.

Das Arbeitsfeld des Leiternomogramms ist außerdem frei von dem unübersichtlichen Netz, klar voneinander getrennt verlaufen die geraden Skalen der

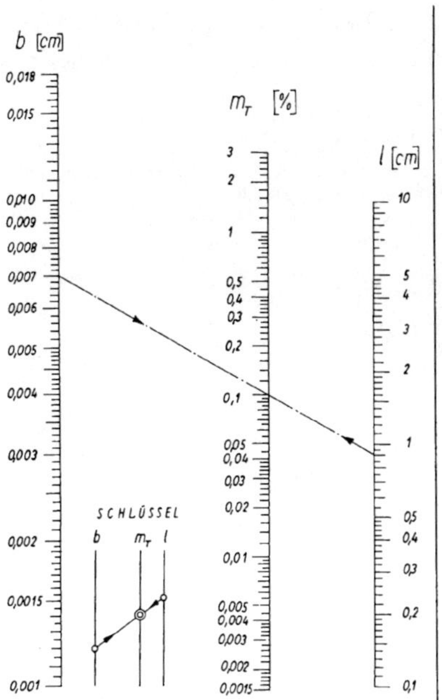

Abb. 1. Nomogramm zur Bestimmung der Kluftporosität klüftiger Gesteine (für $S = 4\ cm^2$)

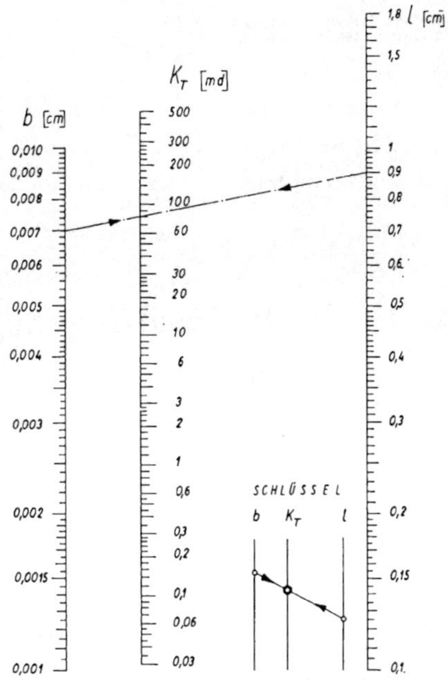

Abb. 2. Nomogramm zur Bestimmung der Permeabilität klüftiger Gesteine (für $S = 4\ cm^2$)

beiden neuen Nomogramme, ihre Ablesevorschrift ist einfacher: Drei Punkte müssen auf einer Geraden liegen, um die Lösung zu ergeben.

4. Erweiterung der Berechnung mit den Nomogrammen für $S = 4\ cm^2$

Die Nomogramme von BORTNIZKAJA sowie unsere Nomogramme sind für eine konstante Schliffläche $S = 4\ cm^2$ aufgestellt worden. Ob diese Nomogramme auch bei anderen S-Werten gebraucht werden können, ist von BORTNIZKAJA nicht untersucht worden.

Es gibt zwei Wege zur Lösung der Aufgabe: ein neues Nomogramm mit vier Leitern und einer Zapfenlinie konstruieren oder die schon vorhandenen Nomogramme für $S = 4\ cm^2$ benutzen.

Wir wollen die zweite Möglichkeit erläutern. Zunächst führen wir eine kleine Umformung der beiden Formeln durch.

Schreiben wir den Wert S in der Form

$$S = \frac{4}{x} \tag{10}$$

so erhalten wir aus Gleichung (1) und Gleichung (2)

$$m_{Ts} = \left(\frac{0{,}63 \cdot b \cdot l}{4}\right) \cdot x \tag{11}$$

$$K_{Ts} \left(\frac{1{,}05 \cdot 10^6 \cdot b^3 \cdot l}{4}\right) \cdot x \tag{12}$$

Die Ausdrücke in den Klammern sind die aus dem Nomogramm zu ermittelnden m_T- und K_T-Werte bei $S = 4$.

Da man für x aus (10) $x = \frac{4}{S}$ erhält, so können wir endgültig schreiben:

$$m_{Ts} = m_{T4} \cdot \frac{1}{S} \cdot 4 \tag{13}$$

$$K_{Ts} = K_{T4} \cdot \frac{1}{S} \cdot 4 \tag{14}$$

Der Rechnungsgang ist jetzt klar:

1. Aus dem entsprechenden Nomogramm werden m_{T4} und K_{T4} ermittelt.
2. Auf dem Rechenschieber wird an Hand der Reziprokskala $\frac{1}{S}$ gefunden und aufeinanderfolgend mit 4 und m_{T4} bzw. K_{T4} multipliziert. Somit ist das Ergebnis für $S = 4$ gefunden.

5. Schlußfolgerungen

In Ergänzung zu der Arbeit von BORTNIZKAJA werden zwei Leiternomogramme entwickelt. Die vorliegende Arbeit verfolgt jedoch ein weiteres Ziel. Der Vergleich zwischen den Netztafeln von BORTNIZKAJA und den Leiternomogrammen zeigt deutlich, daß Nomogramme vorteilhaft sind, aber sie müssen entsprechend konstruiert werden. Rechenmittel dienen zur Rationalisierung der ermüdenden Rechenarbeit, und sie erfüllen diese Aufgabe nur, wenn sie rationell ausgewählt und eingesetzt werden (CHRISTOW). Um rationelle Nomogramme entwickeln zu können, sollte man sich eingehender mit der Grundlagenforschung auf dem Gebiet der Nomographie und besonders mit der Analyse der Nomographierbarkeit der zu nomographierenden Gleichungen beschäftigen.

Zusammenfassung

Die Nomogramme, die von W. M. BORTNIZKAJA für die praktische Arbeit mit zwei Formeln zur analytischen Erfassung der Porosität und der Permeabilität klüftiger Gesteine vorgeschlagen wurden, gaben Anlaß, die Nomographierbarkeit dieser Formeln zu untersuchen. Es werden zwei Leiternomogramme entwickelt, die den genannten Nomogrammen gegenüber wesentliche Vorteile bieten. Das rechnerische Verfahren wird erläutert.

Резюме

Предлагаемые В. М. Борницкой номограммы для практического применения двух формул для аналитического учета пористости и проницаемости трещиноватых пород давали повод к исследованию номографируемости этих формул. Выводятся две ступенчатые номограммы, располагающие значительными преимуществами по сравнению с указанными номограммами. Способ расчета объясняется.

Summary

Nomograms proposed by W. M. BORTNITZKAJA for the practical work with two formulas enabling an analytic determination of the porosity and permeability of jointed rocks, gave rise to study the possibility of representing these formulas by nomograms. Two ladder nomograms are developed which offer essential advantages compared to the nomograms mentioned above. The numerical method is discussed.

Literatur

CHOWANSKIJ, G. S.: Über die Nomographie und ihre Möglichkeiten. — Nomographische Berichte Nr. 1, Akad. Wiss. UdSSR, S. 5–14, Moskau 1962/63.

CHRISTOW, C. K.: Die Analyse der Nomographierbarkeit der zu nomographierenden Gleichungen. – Ein grundlegendes Moment beim Entwerfen der für die Rechenpraxis geeigneten Nomogramme (in Vorbereitung).
– Zur rationellen Nomographie der Heizwerte und der anderen Analysenergebnisse der Braunkohle (in Vorbereitung).
– Nomographische Bestimmung kleiner Wettergeschwindigkeiten mit Katathermometer (in Vorbereitung).
– Die Bedeutung der Nomographie für das Berg- und Hüttenwesen im Zeitalter der Kybernetik, gegenwärtiger Stand und Perspektive für ihre weitere Entwicklung. – Vortrag, gehalten am 15. 7. 1963 in der Berg- und Hütteningenieurschule „FRITZ HIMPEL", Eisleben.
FISCHER, J.: Neuzeitliche Methoden der Nomogrammpraxis. – Vortrag, gehalten 1958 in Belgien.
– Nomographie als wissenschaftlich-ökonomisches Mittel für die Ingenieurpraxis. – Die Technik, H. 12, 1959.
GLAGOLEW, N.: Lehrgang der Nomographie. – Moskau 1940.
LUCKEY, P.: Nomographie. – B. G. Teubner Verlag, 1953.
PENTKOWSKIJ, M. W.: Nomographie. – Moskau 1949.
SCHWERDT, H.: Lehrbuch der Nomographie. – Springer-Verlag, 1924.
– Einführung in die praktische Nomographie. – Springer-Verlag, 1927.
– Anwendung der Nomographie in der Mathematik. – Springer-Verlag, 1931.

Aufbau und Eignung der Steinsalzlagerstätten des Thüringer Beckens[1]

GERD SEIDEL, Jena

(Mitteilung aus dem VEB Geologische Erkundung West, BA Jena)

Vorwort

Steinsalz tritt im Thüringer Becken in den Schichtenfolgen des Zechsteins 1, 2, 3 sowie 4, des Oberen Buntsandsteins und des Mittleren Muschelkalks auf. Die bei Erfurt gefundenen Steinsalzschnüre im Unteren Gipskeuper (Mittleren Keuper) haben auf Grund ihrer geringen Mächtigkeit von wenigen Zentimetern keine wirtschaftliche Bedeutung. Aus Tabelle 1 ist die stratigraphische Stellung der Steinsalzlager des Thüringer Beckens zu ersehen.

Im folgenden sollen die Ausbildung sowie die wirtschaftliche Bedeutung der Steinsalzlager des Thüringer Beckens besprochen werden.

Aufbau und Nutzung der Steinsalzlager

Werrasteinsalz

Das Werrasteinsalz besitzt im Thüringer Becken eine Mächtigkeit von 0–325 m. Besonders große Mächtigkeiten (s. Abb. 2) des Werrasteinsalzes treten in einer erzgebirgisch streichenden Rinne östlich von Mühlhausen auf. Diese in der Saar–Selke-Zone liegenden großen Mächtigkeiten des Werrasteinsalzes nehmen auf der Eichsfeld- und Kyffhäuser-Schwelle stark ab. Zum Harz hebt sich die Mächtigkeitsrinne heraus, und das Steinsalz wird von Anhydrit ersetzt. Im Süden geht diese erzgebirgische Mächtigkeitsrinne in die herzynisch streichende Mächtigkeitsrinne nördlich des Thüringer Waldes über. Am Schwarzburger Sattel lagerte sich nur noch Steinsalz von weniger als 100 m ab. Dagegen setzt das Werrasteinsalz mit mehr als 100 m Mächtigkeit über die südliche Eichsfeldschwelle hinweg.

Diese obenbeschriebenen Gebiete mit großen Mächtigkeiten stehen der eigentlichen Beckenfazies des Zechsteins 1, wie sie zwischen der Schmücke und Straußfurt im Thüringer Becken auftritt, mit Werrasteinsalz von weniger als 20 m, gegenüber.

Auf der Eichsfeldschwelle, bei Sondershausen, bei Weimar und Jena fehlt z. T. das gesamte Werrasteinsalz. Das Werrasteinsalz der Bohrungen Heinrichshall (nördlich von Gera) ist eine Ausscheidung in der Geraer Bucht,

[1] Eingang des Manuskripts in der Redaktion: 1. 11. 1963

Tabelle 1

Oberer Keuper	(50–60 m)
Mittlerer Keuper	(350–400 m)
Unterer Keuper	(45–65 m)
Oberer Muschelkalk	(50–70 m)
Mittlerer Muschelkalk	(45–90 m)
oberer Dolomit	(10–20 m)
obere Wechsellagerung	(20–30 m)
mittlerer Dolomit	(0–2 m)
mittlere Wechsellagerung	(0–17 m)
oberes Sulfat	(0–13 m)
Steinsalz	(0–30 m)
unteres Sulfat	(0–2 m)
untere Wechsellagerung	(0–7 m)
unterer Dolomit	(5–15 m)
Unterer Muschelkalk	(100–120 m)
Oberer Buntsandstein	
Myophorienschichten	(3–20 m)
Roter Röt	(50–70 m)
Grauer Röt	(60–120 m)
bunte Mergel	(4–9 m)
rote Sandsteinschiefer	(3–7 m)
bunte Mergel	(4–10 m)
Deckanhydrit	(17–25 m)
oberes Rötsteinsalz	(5–15 m)
Zwischenanhydrit	(ca.5 m)
unteres Rötsteinsalz	(20–45 m)
Basisanhydrit	(1–4 m)
Mittlerer Buntsandstein	(120–230 m)
Unterer Buntsandstein	(200–360 m)
Oberste Zechsteinletten	(6–8 m)
Grenzanhydrit	(0–0,2 m)
Allersteinsalz	(0–40 m)
Pegmatitanhydrit	(0–1 m)
Roter Salzton	(1–30 m)
Leinesteinsalz	(0–130 m)
Hauptanhydrit	(0–50 m)
Plattendolomit	(0–25 m)
Grauer Salzton	(0–50 m)
Decksteinsalz	(0–10 m)
Kaliflöz Staßfurt	(0–20 m)
Staßfurtsteinsalz	(0–500 m)
Basalanhydrit	(0–30 m)
Hauptdolomit bzw. Stinkschiefer	(0–60 m)
Oberer Werraanhydrit	(0–130 m)
Werrasteinsalz	(0–325 m)
Unterer Werraanhydrit	(0–100 m)
Werradolomit und / oder Zechsteinkalk	(0–50 m)
Kupferschiefer	(0–1 m)
Zechsteinkonglomerat	(0–5 m)

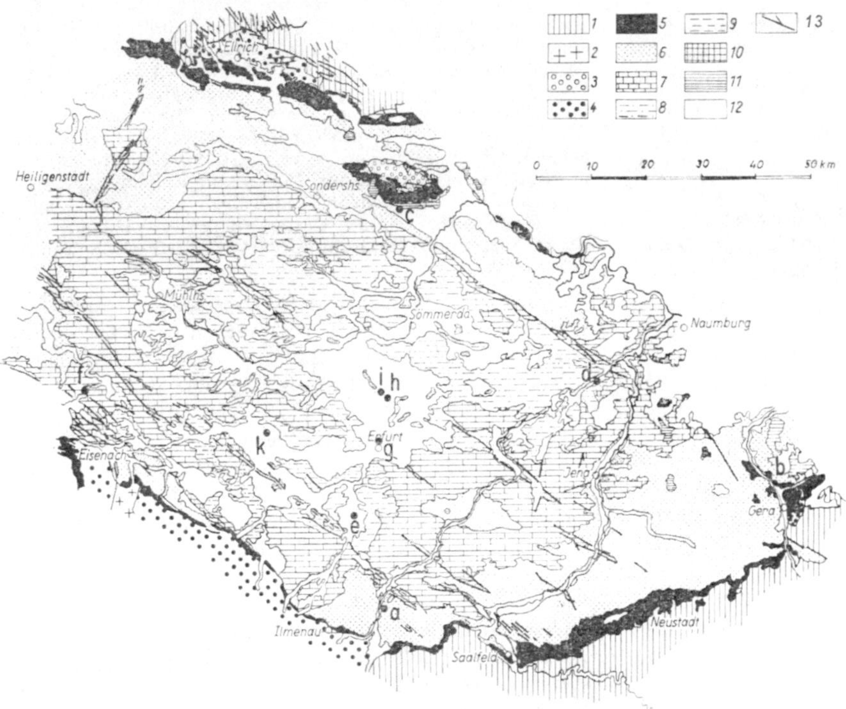

Abb. 1. Geologische Übersichtskarte des Thüringer Beckens (nach F. DEUBEL & H. J. MARTINI 1942)

1 – gefaltetes Paläozoikum u. Algonkium, 2 – Granit und Gneis, 3 – Oberkarbon, 4 – Rotliegendes, 5 – Zechstein, 6 – Buntsandstein, 7 – Muschelkalk, 8 – Keuper, 9 – Jura, 10 – Kreide, 11 – Tertiär, 12 – Quartär, 13 – Störungen; a) Saline Oberilm, b) Saline Heinrichshall, c) Saline Bad Frankenhausen, d) Saline Bad Sulza, e) Saline Arnshall, f) Sodafabrik Buchenau, g) Salzschacht Erfurt, h) Saline Neuhall (Stotternheim), i) Saline Luisenhall (Stotternheim), k) Saline Ernsthall (Bufleben)

die evtl. nach Norden, aber nicht zum Thüringer Becken eine Verbindung hatte.

Das Werrasteinsalz baut sich aus einem grauen, z. T. von Anhydritschlieren, -lagen sowie -bänken und Tonflocken durchsetzten Steinsalz auf. In den Gebieten mit mächtigerem Werrasteinsalz tritt in diesem eine von Anhydritbänken durchsetzte Partie auf. Dadurch kann man ein Unteres Werrasteinsalz, eine Steinsalz-Anhydrit-Wechsellagerung und ein Oberes Werrasteinsalz unterscheiden. Weiter randlich wird die Steinsalz-Anhydrit-Wechsellagerung von einem Anhydrit vertreten. Im Gebiet von Straußfurt wird auch noch das Untere Werrasteinsalz von Anhydrit ersetzt, so daß im eigentlichen Beckeninnern nur noch das Obere Werrasteinsalz der Nebenbecken auftritt.

Südlich der Linie Eisenberg — Bad Berka — Erfurt — Worbis tritt ein max. 10 m mächtiger grauer, z. T. auch roter Tonstein mit Anhydriteinlagerungen über dem Werrasteinsalz auf.

Die Saline Oberilm gewinnt z. Z. aus den Bohrlöchern Dörnfeld III und IV künstlich Sole durch Auflösen des ca. 85 m mächtigen Werrasteinsalzlagers. Im Bohrloch Dörnfeld IV liegt die Oberkante des Werrasteinsalzes bei 546,3 m u. G. Täglich werden 150—200 m³ Sole gewonnen und in der Saline bei guter Rentabilität zu Siedesalz verarbeitet. Die 24—27prozentige Sole besitzt folgende Nebenbestandteile: 7 g/l $MgCl_2$, 2,2 g/l $CaCl_2$, 4,6 g/l $CaSO_4$ und geringe Mengen Fe-Salze. Jährlich werden ca. 125000 t Siedesalz produziert. Es ist geplant, für die Saline eine weitere Bohrung niederzubringen. Schwierigkeiten bereitet z. Z. der zwischen Werrasteinsalz und Oberem Werraanhydrit befindliche sog. Obere Werraton. Durch die Auslaugung hat sich im Steinsalz ein großer Kessel gebildet, in den der Obere Werraton z. T. hineinstürzt und unliebsame Verunreinigungen der Sole hervorruft. 1937 wurde das Bohrloch dadurch verschlossen und mußte wieder aufgebohrt werden.

Früher produzierte noch der Salinenbetrieb Heinrichshall (Blatt Langenberg) aus der Sole des Werrasteinsalzes. 104—116 m tiefe Bohrungen trafen das Werrasteinsalz als Auslaugungsrest in einer Mächtigkeit von 3—5 m an.

In älteren und neueren Bohrungen wurde im nördlichen Vorland des Thüringisch-Fränkischen Schiefergebirges und des Thüringer Waldes mehrmals Sole des Werrasteinsalzes angebohrt. Auch die niedrigprozentige Sole der Quellen dieses Gebiets dürfte auf Auslaugung des Werrasteinsalzes zurückzuführen sein.

Im Sodawerk Buchenau versuchte man, das dort vorhandene Werrasteinsalz (Teufe 828 m) auszusolen. Die niedergebrachte 958,6 m tiefe Bohrung Buchenau A 6 gab bei einer Absenkung bis auf 375 m u. G. 10—12 m³ Sole pro Stunde. Die Sole enthielt 305,25 g/l NaCl, 1,42 g/l $CaCl_2$ und 1,08 g/l $MgCl_2$. Später sank die Leistung auf 3—4 m³/Std. ab. Auch der Chemismus verschlechterte sich (301,45 g/l NaCl, 0,14 g/l $CaCl_2$, 4,34 g/l $MgCl_2$). Wegen des ungünstigen Chemismus (hohen $MgCl_2$-Gehalts) sowie der geringen Solemengen wurde die Bohrung aus wirtschaftlichen Gründen wieder verfüllt.

Staßfurtsteinsalz

Über dem Basalanhydrit folgt das im Thüringer Becken 0—400 m mächtige Staßfurtsteinsalz. Es besteht aus milchigweißem, grauem, braunem sowie rötlichem, mehr oder weniger von Anhydrit, Tonstein und vereinzelt Kalisalzen durchsetztem Steinsalz.

In Abb. 3 wurde die Mächtigkeit des Staßfurtsteinsalzes, des Kaliflözes und des Decksteinsalzes dargestellt.

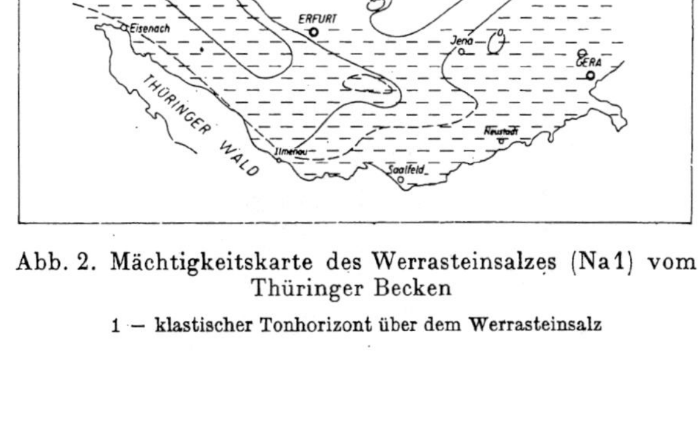

Abb. 2. Mächtigkeitskarte des Werrasteinsalzes (Na1) vom Thüringer Becken

1 – klastischer Tonhorizont über dem Werrasteinsalz

Die größten Mächtigkeiten des Staßfurthalites von über 200 m liegen im Innern der sich nach SW heraushebenden Thüringischen Senke. Von Göllingen verläuft die 200-m-Linie südlich an Straußfurt sowie nördlich an Buttstädt vorbei bis wenige Kilometer westlich von Bad Bibra. Das erzgebirgisch gerichtete Gebiet mit großen Mächtigkeiten zeigt eine herzynisch gerichtete Ausbuchtung, die von Greußen bis nordwestlich von Holzthalleben verläuft. In dieser dem Harz vorgelagerten Rinne wurde Steinsalz in Mächtigkeiten von teils über 60 m, teils sogar über 100 m sedimentiert (s. a. E. STOLLE 1962a). Von dieser herzynischen Rinne gehen N—S gerichtete Ausbuchtungen bis ins Gebiet östlich von Bleicherode und Großbodungen. Trotz dieser Unterbrechung ist ein deutliches Zurückgehen der Mächtigkeiten am Harz festzustellen (E. STOLLE 1962a). Ebenfalls zeigt sich ein Zurückgehen der Mächtigkeiten von der herzynischen Ausbuchtung aus nach SW. Die Mächtigkeiten des Staßfurtsteinsalzes im Innern der Thüringischen Senke nehmen nach SW, S und SE ab. Die Verbreitungsgrenze des Staßfurtsteinsalzes verläuft über Creuzburg—Gotha sowie Neudietendorf, südlich an Weimar und nördlich an Jena vorbei bis südöstlich von Bad Kösen.

An Hand der Bänderung bzw. Bankung und der Art sowie Menge der Anhydriteinlagerungen kann das Staßfurtsteinsalz gegliedert werden. Es werden die von G. RICHTER-BERNBURG (1955b) angegebenen Symbole für das Basissalz (Na 2_α) und das Hauptsalz (Na 2_β) verwendet. Ob das Hangendsalz genau dem hier beschriebenen Na 2_γ entspricht, kann auf Grund der vorliegenden Aufschlüsse nicht entschieden werden.

Über dem Basalanhydrit tritt z. B. in den Bohrungen Schneidtal 1 und 2 eine ca. 5 m mächtige Folge von grauweißem Steinsalz auf, in das bis 10 m mächtige, stark von Steinsalz durchsetzte Anhydritbänke eingeschaltet sind (= Basissalz, Na 2_α). Darüber befindet sich 0—300 m grauweißes Steinsalz mit zahlreichen durchschnittlich 1—3 cm (max. auch mehrere Meter) mächtigen Jahresringen. Diese Schichtenfolge entspricht der Anhydritregion (= Na 2_β i. S. v. G. RICHTER-BERNBURG 1955 b) von A. TINNES (1928). Im oberen Teil dieser Schichtenfolge tritt manchmal ein stark von hellgrauem bis farblos durchsichtigem Steinsalz durchsetzter, z. T. 45 m mächtiger Anhydrit auf. Die Anhydritregion ist im erzgebirgisch gerichteten inneren Teil der Thüringischen Senke ausgebildet, zeigt jedoch auch einen Ausläufer in die herzynisch gerichtete Rinne mit größeren Mächtigkeiten (s. Abb. 3). Diese Schichtenfolge liegt innerhalb folgender Verbreitungsgrenze: Schacht Glückauf-Sondershausen 3, Ebeleben, südlich an Straußfurt vorbei, Buttstädt, Bad Bibra (s. Abb. 3).

Über der Anhydritregion liegt bei Ausbildung des obenbeschriebenen Anhydrits eine ca. 3 m mächtige graue Steinsalzfolge mit zahlreichen Anhydritschlieren und -flecken. Diese Folge entspricht etwa dem ähnlich mächtigen Basissalz des Südharzgebietes (Na $2\gamma_1$). Im Hangenden folgt 0—30 m mächtiges, ungebändertes hellgraues Steinsalz mit Anhydritflocken, -schlieren und Tonflocken. Dieses sog. ungebänderte Südharzsteinsalz kommt innerhalb folgender Linie vor: Holungen, Worbis, Dingelstädt, Rockensußra (bei Ebeleben), Erfurt, Weimar, Bad Sulza. Am weitesten ist das ungebänderte Südharzsteinsalz im Inneren der erzgebirgisch streichenden Thüringischen Senke verbreitet. Etwa im Verlauf der alten Kyffhäuserschwelle tritt eine Verengung des Verbreitungsgebiets ein, und dieser Horizont ist nur noch auf den herzynisch streichenden nördlichen Teil des Thüringer Beckens beschränkt. Auf der Eichsfeldschwelle setzt das ungebänderte Südharzsteinsalz (s. Abb. 3) aus.

Über dem ungebänderten Südharzsteinsalz befindet sich ein ca. 40—50 m mächtiges, vorwiegend hellgraues, untergeordnet graubraunes bis rötliches Steinsalz. Durch einerseits reine Steinsalzbänke und andererseits durch Anhydritflocken, -schlieren sowie Tonflocken verunreinigte Lagen entsteht eine Bänderung des Steinsalzes. Der untere und obere Teil dieses sog. gebänderten Südharzsteinsalzes (Na $2\gamma_3$) ist gut, der mittlere Teil undeutlich bzw. nicht gebändert. Weiterhin kommen vorwiegend in dieser Folge und nur selten im ungebänderten Südharzsalz Kalieinlagerungen vor. Im Profil der Bohrung Hachelbich trat Kieserit auf. Das gebänderte Steinsalz kommt im gesamten Thüringer Becken bis zur Verbreitungsgrenze des Staßfurtsteinsalzes vor (s. Abb. 3).

Das Südharzbasissalz, das ungebänderte und gebänderte Südharzsteinsalz entsprechen den Übergangsschichten von A. TINNES (1928) im Unstrutkalirevier.

Über dem Südharzsteinsalz folgt das Kaliflöz Staßfurt i. S. von A. TINNES (1928). Es besteht aus der Liegendgruppe und der Hangendgruppe. Die ca. 10 m mächtige Liegendgruppe baut sich aus reinen Steinsalzbänken (Unstrutbänke, s. A. TINNES 1928, E. STOLLE 1962b) und durch Anhydrit sowie Ton verunreinigten Zwischenmitteln auf. In randlichen Bereichen ist die Gliederung nach Unstrutbänken nicht durchführbar. Dadurch macht es sich oft notwendig, das gebänderte Südharzsteinsalz mit einem Teil des Kaliflözes zusammenzufassen. Die ca. 5 m mächtige Hangendgruppe besteht bei verstaubtem Kaliflöz aus einer engschichtigen Wechsellagerung von Steinsalz, Anhydrit und z. T. sandigem Tonstein. Reine Steinsalzbänke bilden eine Ausnahme.

Im Staßfurthalit kann die Kalisalzführung vom Decksteinsalz bis unter die Liegendgruppe reichen.

In Bad Frankenhausen entspringen an der Südrandspalte des Kyffhäusers die Elisabeth- und Schüttschachtquelle. Die Elisabethquelle ist eine 3—4prozentige Kochsalzquelle mit besonders hohem Gipsgehalt, die ca. 20 l/s schüttet. Über ihre Zusammensetzung geben die in Tab. 2 angeführten Analysenergebnisse Auskunft.

Die Schüttschachtquelle gibt etwa 12 m³ 12—14prozentige Sole pro Tag ab. In Tab. 3 sind die Analysenergebnisse der Schüttschachtquelle angegeben.

Beide Quellen werden zu Trink- und Badezwecken genutzt. Der Salzgehalt dieser beiden Quellen entstammt aus dem Auslaugungsbereich des Staßfurtsteinsalzes.

Die beiden Mitte des vergangenen Jahrhunderts niedergebrachten Salinebohrungen trafen das Staßfurtsteinsalz bei 343 m u. G. an und bohrten 15 bzw. 39 m in das Staß-

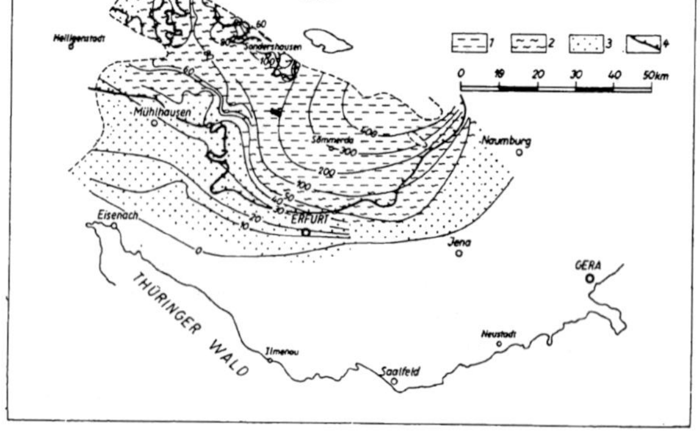

Abb. 3. Fazies- und Mächtigkeitskarte des Staßfurtsteinsalzes (Na 2) vom Thüringer Becken

1 — Anhydritregion und Südharzsteinsalz, 2 — ungebändertes und gebändertes Südharzsteinsalz, 3 — gebändertes Südharzsteinsalz, 4 — Verbreitungsgrenze zusammenhängender Kalisalze

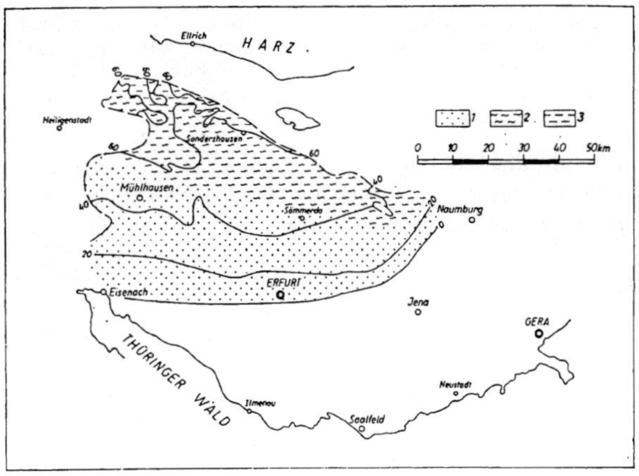

Abb. 4. Fazies- und Mächtigkeitskarte des Leinesteinsalzes (Na 3) vom Thüringer Becken

1 – Anhydritmittelsalz sowie Tonflocken- und Schwadensalz nicht mehr zu trennen; 2 – Anhydritmittelsalz sowie Tonflocken- und Schwadensalz; 3 – Liniensalz i. w. S., Anhydritmittelsalz sowie Tonflocken- und Schwadensalz

furtsteinsalz hinein. Die Bohrung 1 der ehemaligen Saline soll bei Erreichen des Steinsalzes eine $27^1/_2$prozentige Sole angetroffen haben. Aus der Sole dieser Bohrung wurden jährlich 800 t Siedesalz produziert. J. LÖFFLER (1962) gibt folgende chemische Zusammensetzung der Bohrlochmutterlauge an: 136,78 g/l NaCl, 26,59 g/l KCl, 90,47 g/l $MgCl_2$ und 29,24 g/l $MgSO_4$.

Leinesteinsalz

Über dem Hauptanhydrit liegt das 0—130 m mächtige Leinesteinsalz. Es besteht aus einem weißen, grauen sowie roten Steinsalz, das mehr oder weniger stark von Tonstein, Anhydrit und z. T. Kalisalzen durchsetzt ist. Die größten Mächtigkeiten des Leinesteinsalzes (s. a. Abb. 4) von über 60 m treten in einer südlich des Harzes gelegenen Rinne auf (s. a. E. STOLLE 1962b). Bei Sollstedt teilt sich diese stark zerlappte Rinne. Der nördliche Teil verläuft über Holungen sowie Brehme und scheint dort primär ohne Unterbrechung über die Eichsfeldschwelle mit den mächtigeren südniedersächsischen Leinesteinsalzvorkommen in Verbindung gestanden zu haben. Möglicherweise stand auch der südliche Teil der Rinne von Sollstedt über Hüpstedt mit den mächtigeren Leinesalzvorkommen des hannoverschen Eichsfeldes in Verbindung. Besonders große Mächtigkeiten des Leinesteinsalzes von über 100 m

Tab. 2. Analyse der Elisabethquelle (Bad Frankenhausen)

	Analytiker unbekannt, Analyse bei der Pfännerschaft		Prof. KIONKA, Jena 1931
	g/l	Gew.-%	g/l
NaCl	26,44	2,58	14,945
$CaSO_4$	4,13	0,40	3,6578
$MgSO_4$	0,10	0,01	–
$MgCl_2$	1,07	0,10	–
$MgHCO_3$	–	–	0,166
Na_2SO_4	–	–	0,005
$CaHCO_3$	–	–	0,017
$MgCO_3$	–	–	0,4646
H_2O	992,26	96,91	–
Spez. Gew.	1,024		–

treten östlich von Bleicherode auf. Nördlich bzw. nordöstlich der Rinne sinken die Mächtigkeiten des Leinesteinsalzes wieder ab. Auch nach Süden ist eine allmähliche Abnahme der Mächtigkeiten festzustellen. Die primäre Verbreitungsgrenze des Leinesteinsalzes im Thüringer Becken verläuft an folgender Linie: Creuzburg — Gotha — Weimar — Camburg.

Von R. LANGBEIN & G. SEIDEL (1960a) konnte erstmalig am Ohmgebirge eine Gliederung des Leinesteinsalzes im Thüringer Becken durchgeführt werden. Inzwischen ist es mit den Ergebnissen zahlreicher neuerer Bohrungen möglich, diese Gliederung zu vervollständigen und einen Anschluß an die Profile im Beckeninnern zu gewinnen. Das Basissalz (2—7 m) besteht aus hellgrauem Steinsalz mit zahlreichen Einlagerungen von anhydritischen, lagenartig angereicherten Flocken, Schlieren und Bändern. Unabhängig von der Vollständigkeit der Profile ist das Basissalz fast immer ausgebildet. Das Liniensalz weist — wie auch das Basissalz — nicht bzw. nur selten jene typischen Linien wie nördlich des Harzes auf, deshalb Liniensalzäquivalent benannt. Es besteht vorwiegend aus einem hellgrauen, untergeordnet schwach bräunlichen Steinsalz mit Anhydritflocken und gelegentlichen Anhydritbänken. Eine Schichtung tritt z. T. durch reinere Steinsalzlagen auf. Gegenüber dem Basissalz unterscheidet sich das Liniensalzäquivalent durch

Tab. 3. Analyse der Schüttschachtquelle (Analyse bei der Pfännerschaft, Analytiker unbekannt)

	g/l	Gew.-%
NaCl	128,48	11,80
$CaSO_4$	6,82	0,63
$MgSO_4$	1,62	0,15
$MgCl_2$	2,83	0,26
H_2O	948,25	87,16
Spez. Gew.	1,088	

seine geringere Anhydritführung. Während im südlichen und östlichen Teil des Südharzgebiets kein Liniensalz im engeren Sinne entwickelt ist, tritt es im nördlichen Teil in einer Mächtigkeit bis zu 50 m auf. Das darüber folgende Kristallsalz besteht aus hellgrauem, z. T. schwach bräunlichem reinem Steinsalz ohne Einlagerungen von Anhydrit und Ton. Zum Teil wurden östlich von Bleicherode bis zu 4 m mächtige Carnalliteinlagerungen angetroffen. Das Kristallsalz ist nur in vollständigen Profilen entwickelt und keilt bei Vorhandensein von geringer mächtigem Liniensalzäquivalent aus bzw. wird von diesem faziell vertreten.

Über dem Kristallsalz folgt das 25—50 m mächtige Anhydritmittelsalz. Es besteht aus hellgrauem, z. T. bräunlichgrauem, selten rötlichem Steinsalz mit Einlagerungen von Tonsteinflocken sowie Anhydritflocken, -schlieren und -bänken (Anhydritmittel). Bei Bleicherode tritt im untersten Teil des Anhydritmittelsalzes Carnallit auf. Nach S und E zu werden die Anhydritmittel immer undeutlicher und verschwinden endlich ganz. Gleichzeitig nimmt der Tonsteingehalt im Anhydritmittelsalz zu, so daß das Anhydritmittelsalz die Fazies des Tonflocken- und Schwadensalzes annimmt. Das eigentliche Tonflocken- und Schwadensalz (10—20 m) besteht oben vorwiegend aus rötlichem, unten aus hellgrauem Steinsalz mit Einlagerungen von roten sowie grauen Tonstein- und Anhydritflocken. Im untersten Teil des Tonflockensalzes tritt z. T. eine bis 5 m mächtige Folge von reinem weißgrauem Steinsalz auf.

Südlich der obenbeschriebenen Rinne mit Liniensalzvorkommen treten nur noch das Anhydritmittelsalz sowie das Tonflocken- und Schwadensalz auf. Südlich der Linie Beberstedt — Schlotheim — Kölleda — Eckartsberga hat das Anhydritmittelsalz weitgehend die Fazies des Tonflockensalzes angenommen und ist von diesem nicht mehr zu unterscheiden (s. Abb. 4).

Im Gebiet von Bad Sulza wurden mehrere Bohrungen bis in den Muschelkalk und Buntsandstein niedergebracht, die eine niedrigprozentige Sole antrafen. Die Herkunft dieser Sole ist ungeklärt. Um eine höherprozentige Sole zu erhalten, teufte man um die Jahrhundertwende die Bohrung Heinrichsquelle bei Darnstedt ab. Sie wurde in den Obersten Zechsteinletten bei 880,04 m Teufe eingestellt. Bei 867,82 m erbohrte man eine 27prozentige Sole. 1937 teufte man in der Nähe der obigen Bohrung die sogen. Bohrung Elisabethquelle (allein z. Z. in Betrieb) ab, die bei 880,70 m Endteufe im Steinsalz stehen soll. Da nordwestlich davon in der Bohrung Herrengosserstedt das Allersteinsalz bereits primär fehlt, so dürfte es sich bei diesem Steinsalz um Leinesteinsalz handeln. Bei 880,78 m wurde eine Sole mit 27% Salzgehalt angetroffen. Der Ruhewasserspiegel lag 19 m u. G. Bei einer Entnahme von 8 m^3/Std. senkte sich der Spiegel auf 107 m u. G. ab. Jährlich werden z. Z. 28000 m^3 Sole gefördert. Die Analyse vom 15. 4. 1958 des Kaliwerkes „Deutschland" gibt die in Tab. 4 wiedergegebenen Werte an.

Tabelle 4

NaCl	263,00 g/l
$CaCl_2$	1,16 g/l
$CaSO_4$	4,89 g/l
$MgSO_4$	–
$MgCl_2$	4,48 g/l
KCl	2,95 g/l
H_2O	900,50 g/l
Dichte	1,177

Allersteinsalz

Über dem Pegmatitanhydrit folgt im Beckeninnern das Allersteinsalz. Es besteht aus weißem, grauweißem, z. T. rötlich gestreiftem Steinsalz, in das Anhydritflocken und Anhydritschlieren eingelagert sind. Es besitzt eine Mächtigkeit von 0—40 m. Das Allersteinsalz wurde nur im nördlichen Thüringer Becken abgelagert. Die südliche Verbreitungsgrenze (s. Abb. 5) verläuft von Mihla über Erfurt — Weimar bis in die Gegend von Bad Sulza. In den Gebieten südöstlich von Sondershausen sowie Bleicherode — Ebeleben erreicht das Allersteinsalz Mächtigkeiten von über 20 m. Die Bereiche mit größeren Mächtigkeiten treten also im nördlichen Thüringer Becken auf (s. a. E. STOLLE 1962a). Nordwestlich der Linie Großbodungen — Hachelbich zeigt sich (zum Harz hin) eine geringe Mächtigkeitsabnahme.

Vom Allersteinsalz tritt im Thüringer Becken das Basis- und Schneesalz auf. Das 0—3 m mächtige Basissalz besteht

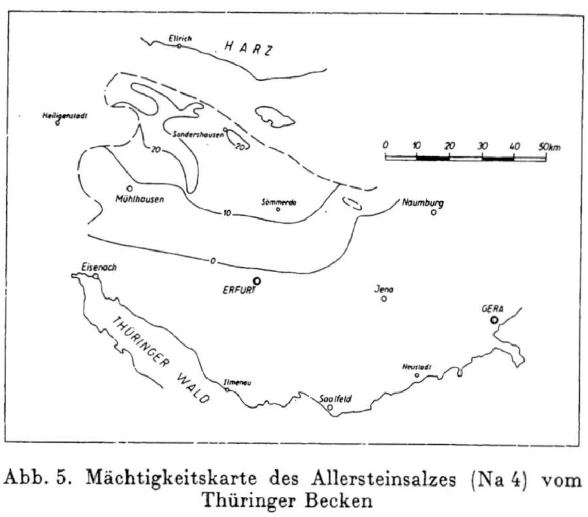

Abb. 5. Mächtigkeitskarte des Allersteinsalzes (Na 4) vom Thüringer Becken

aus grauweißem, vereinzelt rot gestreiftem Steinsalz mit zahlreichen Anhydritflocken und -schlieren. Im Schneesalz (0—37 m) kann man bei größerer Mächtigkeit einen grauweißen, z. T. mit Anhydrit verunreinigten unteren und einen weißen reineren oberen Teil unterscheiden.

Obwohl das Allersteinsalz nach den makroskopischen Befunden das reinste Steinsalzlager im Thüringer Becken ist, wurde es bisher nicht genutzt.

Rötsteinsalz

Das Rötsteinsalz (einschließlich Basis- und Zwischenanhydrit) besitzt eine primäre Mächtigkeit von 40—60 m. Im NE-Teil der sog. Thüringischen Senke weist das Rötsteinsalz eine Mächtigkeit von mehr als 50 m auf (s. Abb. 6). Die 50-m-Linie verläuft von Großbrüchter über die Fahner Höhe und Erfurt bis nach Buttstädt. Dieser erzgebirgisch gerichtete Trog mit größeren Mächtigkeiten hebt sich nach SW heraus und verbreitert sich dadurch nach NE. Im Gebiet von Ebeleben zeigt sich eine herzynische Ausbuchtung dieses Troges. Zur sog. Ostthüringischen Schwelle hin nimmt die Mächtigkeit des Rötsteinsalzes bis auf etwa 40 m ab. Im Bereich der Eichsfeldschwelle zeigt es in den Bohrungen Eigenrieden, Horsmar und Beberstedt nur noch Mächtigkeiten von 39—46 m.

Das unterste Glied des Oberen Buntsandsteins bildet der 1—4 m mächtige graue Basisanhydrit, der mehr oder weniger stark von graugrünen Mergeln durchsetzt und unterlagert wird. Darüber folgt das 20—45 m mächtige untere Rötsteinsalz. In der Thüringischen Senke besitzt das Steinsalz eine Mächtigkeit von 45 m, auf der Eichsfeldschwelle von 20 m und am Westabhang der Ostthüringischen Schwelle von 30 m. Von NE nach SW nimmt in der Thüringischen Senke die Mächtigkeit des unteren Rötsteinsalzes von etwa 45 m auf 35 m ab. Das untere Rötsteinsalz besteht wie das obere aus einem rotbraunen, hellgrauen, dunkelgrauen, farblosen, untergeordnet gelblichbraunen fein- bis grobkörnigen, von Anhydritflasern sowie -lagen und vereinzelt Tonflocken durchsetzten Steinsalz. Getrennt werden beide Steinsalzlager von dem ca. 5 m mächtigen grauen Zwischenanhydrit, der mit grauen Mergeln in Wechsellagerung steht. Das 5—15 m mächtige obere Rötsteinsalz zeigt keine Mächtigkeitsanschwellung in der Thüringischen Senke, sondern eine Zunahme von 5 m im östlichen Thüringer Becken auf 15 m im westlichen Thüringer Becken.

Über dem Rötsteinsalz folgt der 17—25 m mächtige Deckanhydrit. Er besteht aus einer Wechsellagerung von grauem Anhydrit und grauen Mergeln.

Das Rötsteinsalz wird z. Z. in Buchenau in acht Bohrungen zur Sodaherstellung genutzt. Es handelt sich um einen linsenartigen Auslaugungsrest von ca. 1 × 2 km Ausdehnung. Das Rötsteinsalz wurde mit maximal 24 m Mächtigkeit angetroffen. Die ersten Bohrungen im Werratal erreichten das Steinsalzlager bei reichlich 150 m. Da durch die künstliche Auslaugung Senkungsschäden eintraten, wurde das Steinsalzlager von den Höhen des Werratales aus untersucht und bei ca. 350 m Teufe angetroffen. Jährlich werden etwa 400000 m^3 Sole bzw. 120000 t Steinsalz aus mehreren Bohrlöchern gefördert. Die gewonnene Kochsalzmenge seit Beginn der Fabrikation in Buchenau beträgt über 2 Mill. t. Die Sole besitzt die in Tab. 5 angegebene Zusammensetzung.

Früher wurde das Rötsteinsalz noch in Arnshall (Blatt Arnstadt) genutzt. Das z. T. ausgelaugte Steinsalz wurde bei ca. 430 m in Mächtigkeiten von 11—33 m angetroffen. Die insgesamt fünf niedergebrachten Bohrungen endeten teils in den Rötmergeln, teils im Mittleren und teils im Unteren Buntsandstein (maximale Teufe 733 m). Vom sog. 2. Bohrloch 1891 wird von der Endteufe 331,5 m eine 22—25prozentige Sole angegeben. Sie wurde zu Kochsalz versotten und als natürliches Mineralwasser sowie zu Badezwecken genutzt.

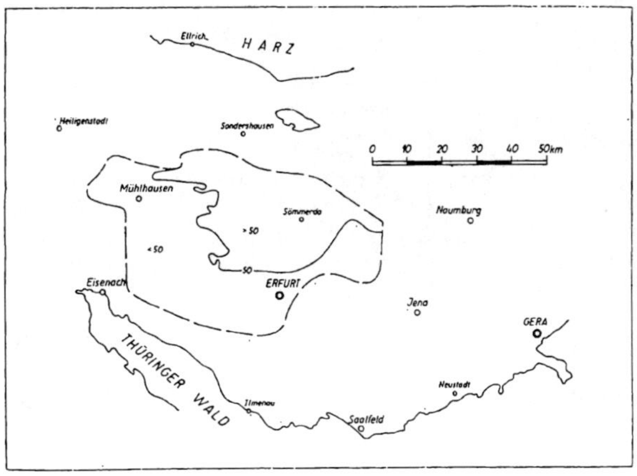

Abb. 6. Mächtigkeitskarte des Rötsteinsalzes vom Thüringer Becken

Muschelkalksteinsalz

Steinsalz wurde bisher im Salzschacht Erfurt und in folgenden Bohrungen des Thüringer Beckens angetroffen: Rudisleben 1, Ernsthall, Billeben, Ebeleben und Buttelstedt 2. In den Bohrungen Billeben und Buttelstedt 2 war das Steinsalz z. T. ausgelaugt und das darüber befindliche Sulfat weitgehend vergipst.

Tab. 5. Zusammensetzung der Sole aus den Bohrungen von Buchenau

	(in g/l)
NaCl	297,91
$CaSO_4$	5,34
$CaCl_2$	0,50
$MgCl_2$	2,88
KCl	1,50
CO_2	0,05

Auch in den anderen Bohrungen dürfte ein Teil des Steinsalzes bereits ausgelaugt worden sein. Im Salzschacht Erfurt traf man das Steinsalzlager des Mittleren Muschelkalks noch vollständig an. Es besitzt hier eine Mächtigkeit von ca. 27 m (E. E. SCHMID 1864).

Im Steinsalz treten nach E. E. SCHMID (1864) 5—10 cm starke Zwischenlagen von Anhydrit auf. Das Steinsalz der Bohrungen Billeben und Buttelstedt 2 zeigte eine hellgraue Farbe und war von Anhydritflasern durchsetzt. Früher wurde das Steinsalz des Mittleren Muschelkalks in den Salinen Luisenhall, Neuhall (beide Stotternheim) sowie Ernsthall (Bufleben) und im Salzschacht Erfurt genutzt.

Die Saline Luisenhall wurde 1828 gegründet. Die beiden Bohrlöcher der Saline Luisenhall hatten in ca. 375 m Teufe das Steinsalz angetroffen. Nach den alten Aktenunterlagen der Stadt Erfurt stehen beide Bohrlöcher ca. 10 m im Steinsalz. Die Sole wurde gepumpt. In den vier vorhandenen Pfannen konnten täglich 15 bis 25 t Salz gewonnen werden. Dazu kam in Luisenhall der Badebetrieb mit 10 Wannen. Die Saline stellte 1937 ihre Produktion ein. Der Badebetrieb ist im zweiten Weltkrieg eingegangen.

Die Saline Neuhall wurde 1888 gegründet. Beide Bohrlöcher waren ca. 385 m tief und standen 10 m im Steinsalz. Es wurde eine Sole mit 27% Salzgehalt gepumpt, die den vier Pfannen mit je ca. 50 m^3 Inhalt zugeführt wurde. Die Sole war besser als in Luisenhall. Sie soll nicht so gelblich-bräunlich wie in Luisenhall, aber durch den Anhydritgehalt grau gefärbt gewesen sein. In den Klärbecken kam der größte Teil der Trübe zum Absatz, so daß ein sehr gutes Siedesalz produziert werden konnte. Die tägliche Produktion an Siedesalz betrug 15—25, max. 30 t. Das erste Bohrloch brach im zweiten Weltkrieg zusammen. Die Produktion aus dem zweiten Bohrloch wurde 1949 eingestellt. Der Betrieb war unmodern und teilweise unrentabel.

Die Saline Ernsthall in Bufleben (Bl. Gräfentonna) wurde um 1830 gegründet. Man förderte die 17prozentige Sole aus drei ca. 200 m tiefen Bohrungen. Als der Salinenbetrieb wegen überalterter Anlagen 1934 stillgelegt wurde, war nur noch das Bohrloch 3 intakt. Die Bohrungen trafen ca. 6 m Steinsalz im Mittleren Muschelkalk an.

Rost's Bohrloch Rudisleben (Bl. Arnstadt), das 1845—1849 als Meißelbohrung niedergebracht wurde, durchteufte angeblich von 247,1—257,9 m das Steinsalz des Mittleren Muschelkalkes. Die anfänglich vorhandene 23—25prozentige Sole ließ nach, und man vertiefte deshalb später die Bohrung bis ins Rötsteinsalz. Die Sole wurde zur Kochsalzherstellung und zu Badezwecken verwendet.

Im Norden des Stadtgebietes von Erfurt brachte man in den Jahren 1851—1854 eine Bohrung nieder, die reines Steinsalz des Mittleren Muschelkalkes bei ca. 345 m antraf. Daraufhin teufte man von 1859—1862 zwei Schächte bis ca. 370 m u. G. Das erste Steinsalzlager war 1,30 m mächtig, von rötlicher Farbe und mit starken Anhydritmitteln durchsetzt. Darunter folgte ein 19 m mächtiges, graues Steinsalzlager mit Anhydritmitteln. Das dritte Steinsalzlager wurde in 362 m Teufe mit ca. 7 m Mächtigkeit angetroffen. Es handelt sich um reines Steinsalz mit 99,5% NaCl. Der Abbau erfolgte in diesem untersten reinen Steinsalz. Es wurden im Durchschnitt 20000 t jährlich gefördert. Ab 1869 produzierte man auch Siedesalz. Das Süßwasser wurde gegen die Wände gespritzt, in Soleteichen gesammelt, gepumpt und in Pfannen gesotten. 1912 betrug der Anteil des Siedesalzes 2000 t bei 18000 t Gesamtförderung. 1914 wurde eine Sodafabrikation aufgenommen (660 t pro Jahr). 1915 und 1916 ereigneten sich drei Grubenunglücke. 1916 wurde der Grubenbetrieb eingestellt.

Beziehungen zwischen Genese und Verwertbarkeit der Steinsalzlager des Thüringer Beckens

Wichtig für die Verwertbarkeit der Steinsalzlager ist ihre Ausbildung (Mächtigkeit, Verunreinigung) und Auslaugung.

Zusammenfassend ergeben sich die in Tab. 6 dargestellten Nutzungsdaten der Bohrungen bzw. Schächte, die für die Betrachtung des Zusammenhanges Genese — Verwertbarkeit wichtig erscheinen.

In den Steinsalzlagern kann man in der Regel einen zyklischen Aufbau erkennen. Am vollständigsten ist dieser Zyklus im Staßfurtsteinsalz ausgebildet. Unmittelbar über dem Basalanhydrit liegt zunächst die stark mit Anhydrit verunreinigte Anhydritregion. Darüber folgt ungeschichtetes Steinsalz, das diffus mit Anhydrit durchsetzt ist. Im Hangenden folgt Steinsalz mit reineren Lagen, wodurch eine Schichtung entsteht. Diese Schichtung ist am ausgeprägtesten in der Liegendgruppe des Flözes Staßfurt bei Vertaubungsprofilen entwickelt. In der Regel setzt innerhalb der Liegendgruppe das Kalisalz ein. Die Hangendgruppe und das Decksteinsalz weisen als rezessiver Teil des Zyklus keine oder unbedeutende reine Steinsalzbänke auf. Im Werra- und Leinesteinsalz lassen sich bei geringmächtiger Entwicklung ein und bei mächtigerer Entwicklung zwei derartige Zyklen nachweisen. Der oft auftretende mittlere Werraanhydrit oder die Steinsalz-Anhydrit-Wechsellagerung bildet im Werrasteinsalz die Basis des zweiten Zyklus. Oft ist aber auch nur einer dieser zwei Zyklen (z. B. Bohrung Straußfurt) vorhanden. Im Leinesteinsalz besteht der untere Zyklus aus dem Basis-, Linien- und Kristallsalz und der obere Zyklus aus dem Anhydritmittelsalz sowie dem Tonflocken- und Schwadensalz. Den salinaren Höhepunkt des zweiten Zyklus repräsentiert eine Folge von reinem Steinsalz (oberes reines Steinsalz von R. LANGBEIN & G. SEIDEL 1960 b) im unteren Teil des Tonflocken- und Schwadensalzes. Das Allersteinsalz und das Muschelkalksalz bestehen nur

Tabelle 6

	Geol. Horizont	Zahl der Bohrungen bzw. Schächte	Teufe des Salzlagers u. G.	Mächtigkeit des Salzlagers	Salzprozente der Sole	störende Nebenbestandteile g/l	Salzmenge jährlich in t	Produkte
Salzschacht Erfurt	mm	2	362 m	7 m abgebaut bei 27 m insgesamt	–	–	2000	Steinsalz Siedesalz Soda
Saline Neuhall, natürl. Sole	mm	2	385 m	ca. 10 m	27	–	ca. 6000	Siedesalz
Saline Luisenhall, natürl. Sole	mm	2	375 m	ca. 10 m	27	–	ca. 6000	Siedesalz Badesalz
Saline Ernsthall, natürl. Sole	mm	3	ca. 200 m	6 m	27	–	–	Siedesalz
Saline Arnshall, natürl. Sole Bhrg. Rudisleben	mm	1	247 m	10,8 (?) m	anfangs 23–25, später geringer	–	–	Siedesalz
Sodafabrik Buchenau (z. Z. in Betrieb)	so	20 bei ca. 4 Prod.-Bhrg.	150–350 m	0–24 m	30	1,5 KCl 2,8 $MgCl_2$, 0,5 $CaCl_2$	120000	Soda
Saline Arnshall, natürl. Sole	so	5	331–733 m (bei 430 m Salz)	11–33 m	22–25(?)	–	–	Siedesalz Badesalz Trinksalz
Saline Bad Sulza (z. Z. in Betrieb) natürl. Sole	Na_3	2	880 m	> 3 m	27	2,9 KCl 4,48 $MgCl_2$ 1,160 $CaCl_2$	–	Siedesalz Badesalz Trinksalz
Saline Bad Frankenhausen, natürl. Sole	Na_2	2 1 Prod.-Bhrg.	343–346 m	> 39 m	–	27 g/l KCL 90 g/l $MgCl_2$ 29 g/l $MgSO_4$	600 (1 Bohrung)	Siedesalz Badesalz Trinksalz
Saline Oberilm (z. Z. in Betrieb)	Na_1	2	546 m	85 m	24–27	7 g/l $MgCl_2$ 2,2 g/l $CaCl_2$ 4,6 g/l $CaSO_4$	125000	Siedesalz
Saline Heinrichshall, natürl. Sole	Na_1	4	104–116 m	3–5 m	–	–	–	Siedesalz

(– = nicht bekannt)

aus einem Zyklus. Im Rötsteinsalz bilden das untere Steinsalz den unteren und der Zwischenanhydrit sowie das obere Steinsalz den oberen Zyklus.

Neben den obenbeschriebenen Zyklen treten in den Steinsalzlagern weniger deutliche Zyklen in der Größenordnung von 5–10 m und wenigen dm auf.

Für die Steinsalzgewinnung gilt es, möglichst reines Steinsalz zu finden. Man muß im Normalzyklus möglichst weit vom Anhydrit entfernt sein, um unliebsame Anhydritverunreinigungen des Steinsalzes oder der Lauge zu vermeiden. Andererseits darf man nicht zu weit an eventuell vorhandenes Kalisalz herangehen, da hier mit noch unliebsameren Kalium- und Magnesiumsalzen zu rechnen ist. Für den Salinenbetrieb und für die Sodaherstellung machen die Anhydritverunreinigungen weniger Schwierigkeiten. Dagegen erschweren die Kalium- und Magnesiumsalze die Siedesalz- bzw. Sodaproduktion sehr erheblich bzw. machen sie wirtschaftlich unmöglich.

Für den Steinsalzabbau dürfen keine der beiden Verunreinigungen enthalten sein. Im Thüringer Becken wurde bisher nur eine 7 m mächtige Lage im Erfurter Salzschacht als Steinsalz abgebaut. Nach den makroskopischen Befunden dürften auch das Allersteinsalz und das Kristallsalz des Leinesteinsalzes rein genug für einen Steinsalzabbau sein. Da jedoch diese reinen Salzlager zu geringmächtig, zu wenig verbreitet, z. T. mit Kalisalzlinsen (Kristallsalz) durchsetzt sind und teilweise durch wenig Steinsalz im Hangenden abbautechnisch Schwierigkeiten bereiten, ist (selbst bei erhöhtem Steinsalzbedarf) im Thüringer Becken ein Steinsalzabbau zu verwerfen.

Dagegen dürften verschiedene Steinsalzlager des Thüringer Beckens für einen natürlichen und vor allem künstlichen Solbetrieb geeignet sein. Ein moderner Salinenbetrieb benötigt ein möglichst mächtiges Steinsalzlager (ca. 100 m) ohne Kalium- sowie Magnesiumsalze in wirtschaftlichen Teufen (nicht mehr als etwa 600 m u. G.). Als beste derartige Lagerstätte bietet sich das mächtige Werrasteinsalz in der Vorsenke des Thüringer Walds an (s. Abb. 2). Im Buntsandsteingebiet zwischen Rastenberg und Sondershausen ist das Kalisalzlager Staßfurt z. T. abgelaugt. Unter dem als Auslaugungsrelikt auftretenden Sangerhäuser Anhydrit wurde in zahlreichen Kupferschieferbohrungen mehr als 100 m Steinsalz in günstigen Teufen angetroffen. Weniger günstige Steinsalzvorkommen von ca. 50 m Mächtigkeit stellt das Leine- und Rötsteinsalzlager dar. Die günstigsten Vorkommen des Leinesteinsalzes treten in der Südharzsenke auf. Bei Bleicherode tritt örtlich über 100 m Steinsalz, z. T. jedoch mit Kalisalzlinsen, auf. Das Allersteinsalz ist wegen seiner geringen Mächtigkeit kaum für einen Solbetrieb zu empfehlen. Muschelkalksalz scheidet wegen seiner geringen Mächtigkeit sowie seines inselartigen Vorkommens (durch Auslaugung bedingt) und des damit verbundenen Bohrrisikos aus.

So günstig die obenbeschriebenen Werra- und Staßfurtsteinsalzgebiete sind, so treten doch in dieser natürlichen und künstlichen Sole hohe Magnesiumsalzgehalte auf. Diese hohen Magnesiumsalzgehalte werden hervorgerufen von den benachbarten Dolomiten (Werradolomit, Hauptdolomit) oder von Kalisalzen. Da für die Sodaproduktion besonders magnesiumsalzarme Sole benötigt wird, erscheinen dafür das Leinesteinsalz bei fehlendem Plattendolomit (die hohen $MgCl_2$-Gehalte der Sole von Bad Sulza entstammen wahrscheinlich dem Plattendolomit) und das Rötsteinsalz besser geeignet.

Grundsätzlich besteht natürlich auch die Möglichkeit, Sole von den Kalisalzgrubenbauen aus durch Auslaugung des anstehenden Salzes zu gewinnen. Dafür kommen das Staßfurt- und Leinesteinsalz in Frage. Die Kalisalze müssen dabei umgangen werden.

Ein wichtiges Problem bei der Siedesalzherstellung sind auch die anfallenden Endlaugen. Da die Werra und Unstrut schon durch Kaliendlaugen stark überlastet sind, erscheint das Einzugsgebiet der Saale noch am ehesten geeignet.

Unter Berücksichtigung auch dieses Faktors ist also das Buntsandsteingebiet zwischen Ilmenau und Kahla bei genügend mächtigem Werrasteinsalz am günstigsten für eine Siedesalzproduktion.

Neben der Ausbildung ist für die Verwertbarkeit der Steinsalzlager auch die Auslaugung von größter Wichtigkeit. Da sich die Auslaugung im Gefolge der saxonischen Tektonik ereignete, sind die Auslaugungsgrenzen der Steinsalzlager an die tektonischen Elemente des Thüringer Beckens gebunden. Erst durch die Auslaugung entsteht die Möglichkeit, geeignete natürliche Sole zu gewinnen. Durch Auslaugung des Kalisalzlagers entsteht zum Teil die Möglichkeit, das Staßfurtsteinsalz im Salinebetrieb zu gewinnen. Andererseits wird durch die Auslaugungswässer (eventuell auch bei künstlicher Aussolung) Mg^{++} aus Dolomiten herangeführt, das eine Verschlechterung der Lauge bedeutet.

Zusammenfassung

In dem Beitrag werden der Aufbau der Steinsalzlager des Thüringer Beckens sowie ihre Nutzung beschrieben. Es ergaben sich Beziehungen zwischen der Genese und der Verwertbarkeit. Daraus werden Schlußfolgerungen für die Solegewinnung im Thüringer Becken gezogen.

Резюме

В статье описывается строение залежей каменной соли Тюрингенского бассейна и их использование. Найдены связи между происхождением и пригодностью солей. На этом основании приводятся выводы о добыче рассолов в Тюрингенском бассейне.

Summary

The author describes the formation of rock-salt deposits in the Thuringian basin and their utilization. The existence of relations between the genesis and utilization is shown, and conclusions are drawn for the extraction of sole in the Thuringian basin.

Literatur

LANGBEIN, R. & G. SEIDEL: Zur Geologie im Gebiet des Holunger Grabens (Ohmgebirgsgrabenzone). — Geologie, 9, S. 36—57, Berlin 1960 (a).
— Zur Frage des „Sangerhäuser Anhydrits". — Geologie 9, S. 778—787, Berlin 1960 (b).
LÖFFLER, J.: Die Kali- und Steinsalzlagerstätten des Zechsteins in der DDR, Teil III, Sachsen-Anhalt. — Freib. Forsch.-H., C 87, Berlin 1962.
MARTINI, H. J.: Vorkommen und Ursprung der Sole von Bad Sulza. — STILLE-Festschrift, S. 379—388, Enke-Verlag, Stuttgart 1936.
RICHTER-BERNBURG, G.: Über salinare Sedimentation. — Z. deutsch. geol. Ges., 105, S. 593—645, Hannover 1955 (a).
— Stratigraphische Gliederung des deutschen Zechsteins. — Z. deutsch. geol. Ges., 105, S. 843—854, Hannover 1955 (b).
SCHMID, E. E.: Die Gliederung der oberen Trias im Salzschacht bei Erfurt. — Z. deutsch. geol. Ges., 16, Berlin 1864.
SEIDEL, G.: Zur Stratigraphie des Zechsteins und Buntsandsteins im Südharzkalirevier. — Geologie, 10, S. 952—972, Berlin 1961.
STOLLE, E.: Zur Faziesdifferenzierung im Südharz-Kalirevier. — Ber. geol. Ges. DDR, 6, S. 266—287, Berlin 1962 (a).
— Zur Stratigraphischen Gliederung des Kaliflözes Staßfurt im Südharzgebiet. — Werksakten Bleicherode 1962 (b).
TINNES, A.: Die Ältere Salzfolge Mitteldeutschlands unter besonderer Berücksichtigung des Unstrutgebietes. — Archiv für Lagerstättenforschung, Heft 38, Berlin 1928.
Weiterhin wurden zahlreiche Gutachten von F. DEUBEL, W. HOPFE, H. J. MARTINI, K. NENNSTIEL benutzt (Akten BA Jena des VEB Geologische Erkundung West, Halle).

Prognose und geologische Untersuchungen[1)]

KURT DETTE, Berlin

(Mitteilung Nr. 1 aus der HA Geologie der VVB Feste Minerale)

Die in der „Richtlinie für das neue ökonomische System der Planung und Leitung der Volkswirtschaft" niedergelegten Beschlüsse haben in Auswertung der Wirtschaftskonferenz die Durchsetzung der ökonomischen Gesetze auf allen Gebieten beim umfassenden Aufbau des Sozialismus zum Hauptinhalt. Die VVB Feste Minerale hat diese Forderung zur Grundlage ihrer eigenen Arbeit gemacht. Auf ihrer Industriezweigkonferenz wurden die Möglichkeiten für die Arbeit nach dem ökonomischen System in allen ihren Bereichen diskutiert und die Voraussetzungen für die schnelle Verwirklichung dieses Prinzips geschaffen. Auch bei der Vorbereitung und Durchführung geologischer Untersuchungsarbeiten muß also das ökonomische Moment mehr denn je beachtet werden.

In den letzten Jahren haben sich unter wesentlicher Mitarbeit der Zentralen Vorratskommission bei den Geologen der DDR die Vorstellungen über Gruppierung und Klassifizierung der Lagerstättenvorräte geklärt und gefestigt. Allgemein gewinnt die ökonomische Betrachtung bei der Planung geologischer Untersuchungsarbeiten und der industriellen Einschätzung ihrer Ergebnisse an Raum. Sie geht besonders auch in die Grund- und Ausführungsprojekte für die Durchführung geologischer Erkundungsarbeiten ein und wird dadurch zu einem Hauptcharakteristikum der gesamten Planung in unserem Industriezweig. Darüber hinaus wird sie auch ein zur Zeit noch zu fordernder, aber bald uner-

1) Eingang des Manuskripts in der Redaktion am 17. 7. 1963

läßlicher Teil der Dokumentation unserer Untersuchungsarbeiten sein.

Seit einiger Zeit ist nun die Prognose in den Vordergrund gerückt. In mehreren Veröffentlichungen wurde das Wesen der Prognose aufgezeigt und in Vorträgen und Diskussionen die auch in der 2. Lagerstätten-Klassifikation geforderte Berechnung prognostischer Vorräte als Abschluß der prognostischen Bearbeitung eines Gebietes verlangt.

Im Rahmen des Wissenschaftlich-Technischen Kabinetts der Staatlichen Geologischen Kommission fand am 18. 6. 1963 ein Kolloquium aller in der VVB Feste Minerale auf dem Gebiet Kupferschiefer arbeitenden Geologen statt. Bei dem Bemühen, die Notwendigkeit der Mitarbeit jedes einzelnen an der Prognose herauszustellen, wurden die engen Beziehungen und Zusammenhänge zwischen Prognose und geologischen Untersuchungsarbeiten am Beispiel des Kupferschiefers aufgezeigt.

Die seit 1950 in der DDR durchgeführten Erkundungsarbeiten auf Kupferschiefer knüpften an Erkenntnisse aus früherem Bergbau an, oder sie stützten sich auf die Ergebnisse vorausgegangener Untersuchungen.

Als Beginn der systematischen Auswertung der Ergebnisse aller Untersuchungsarbeiten wurde vom Verf. im Auftrage der „Arbeitsgemeinschaft Kupferschiefer“ eine Karte der Metallverteilung im Kupferschiefer zusammengestellt, mit der zugleich der erste Beitrag zur prognostischen Einschätzung der Vererzungen im Unteren Zechstein für den Südteil der DDR geliefert wurde. Jetzt ist das Zentrale Geologische Institut als das wissenschaftlich-technische Zentrum der VVB Feste Minerale beauftragt, mit Unterstützung durch die jeweils zuständigen Spezialbearbeiter eine Gesamtübersicht unseres derzeitigen Kenntnisstandes über den Kupferschiefer im Südteil der DDR und seine petro- und erzfazielle Differenzierung zu geben. In Kartendarstellungen der verschiedensten Art werden die Beobachtungen über das gegenwärtige Erscheinungsbild der Lagerstätte und ihrer benachbarten stratigraphischen Horizonte zusammengestellt. Diese kartenmäßige Auswertung der Unterlagen bildet den ersten Teil des Materials, das im Kartenwerk zur Prognose auf Kupferschiefer im Südteil der DDR enthalten sein wird. Außerdem werden die lagerstättenbildenden Vorgänge noch gesondert dargestellt. Dies entspricht dem Bestreben, nicht nur Karten mit statischem, sondern auch solche mit dynamischem Inhalt zur Grundlage der Prognose zu machen. Eine solche umfassende Prognose, zu der zugleich die Berechnung prognostischer Vorräte für bestimmte umgrenzte Gebiete gehört, wird dann ein sicherer Ausgangspunkt für weitere geologische Untersuchungen sein. Bei ihrer Durchführung wird sich der Geologe ständig mit Fragen der Prognose beschäftigen müssen.

Sie führt auch weg von den altbekannten, oft bereits in mehreren Bergbauperioden bebauten Gebieten zu neuen Ansatzpunkten. Die wissenschaftlich begründete Prognose erleichtert mit den von ihr gegebenen Voraussetzungen die Suche nach überdeckten und verborgenen Lagerstätten in tieferen geologischen Stockwerken.

Regionale und auch spezielle Kartierungsarbeiten haben keine unmittelbaren Beziehungen zur Prognose. Jedoch können die auf eine umfassende geologische Untersuchung eines Gebiets oder einer geologischen Einheit angesetzten und allgemein ausgerichteten Kartierungsarbeiten einen Aufschluß in einem wirtschaftlich wichtigen Mineral erbringen. In solchem Falle muß dann mit Abschluß der Kartierungsarbeiten zugleich eine Einschätzung der Lagerstättenhöffigkeit des betreffenden Raums, also eine prognostische Einschätzung, gegeben werden. Bei entsprechenden geologischen Voraussetzungen können und müssen sogar prognostische Vorräte berechnet werden.

Das bedeutet keineswegs, daß der Geologe, der die Kartierungsarbeiten geleitet hat, auch die Prognose für ein oder mehrere wirtschaftlich wichtige Minerale (z. B. Braunkohle, Eisenerze, Kalisalze, Kupfer) erarbeitet. In seinem Abschlußbericht über die Kartierungsarbeiten muß er nur darauf hinweisen, daß auf Grund der angetroffenen Lagerstättenanzeichen die Erarbeitung einer Prognose entweder im eigenen Erkundungsbetrieb oder im Zentralen Geologischen Institut durchgeführt werden soll. Hierfür stellt er Unterlagen bereit.

Diese prognostische Einschätzung ist der Ausgangspunkt für die evtl. aufzunehmenden geologischen Sucharbeiten, auf die sie einen wesentlichen Einfluß ausübt; denn eine begründete Prognose sagt nicht nur wo, sondern auch wie die geologische Untersuchung geführt werden soll. Die Prognose bestimmt die Methodik der Erkundung. Die geologischen Sucharbeiten werden in einem Grundprojekt vorbereitet, in dem die prognostische Gesamteinschätzung einschließlich der Berechnung prognostischer Vorräte ein wesentlicher Teil der Begründung der vorzunehmenden technischen Arbeiten und die Voraussetzung für die Beurteilung ihres zu erwartenden ökonomischen Effekts sind. Gegenwärtig ist dieser Zustand bei weitem noch nicht erreicht. Doch wahrscheinlich werden schon in Kürze geologische Untersuchungsarbeiten (außer Arbeiten im Stadium der Kartierung) nur dann begonnen werden, wenn in ihren Projekten das Ziel in berechneten prognostischen Vorräten angegeben ist. Nach Durchführung der Sucharbeiten werden die Vorräte im untersuchten Gebiet als prognostische Vorräte oder in günstigen Fällen als C_2-Vorräte ausgewiesen. Außerdem sind die geologischen Hinweise auf das Aushalten der Lagerstätte und damit eine prognostische Einschätzung des an den untersuchten Raum anschließenden Gebiets zu geben.

Die Vorbereitung der Untersuchungsarbeiten im Stadium der Vorerkundung kann sich nun auf die berechneten prognostischen Vorräte und die Prognose für das Erkundungsgebiet bzw. für eine darüber hinausgehende geologische Einheit stützen. Hiernach werden im Projekt für die Vorerkundung Umfang und Richtung der technischen Leistungen festgelegt. So ist in diesem Untersuchungsstadium noch viel deutlicher als im vorhergehenden der bestimmende Einfluß der Prognose auf Umfang und Ansatz der technischen Leistungen zu erkennen.

In der Dokumentation dieser Arbeiten erfolgt neben der Berechnung der nachgewiesenen Vorräte wiederum die Berechnung prognostischer Vorräte in den anschließenden Gebieten. Gerade in diesem Stadium sind Angaben über noch zu erwartende, aber noch nicht untersuchte, also über prognostische Vorräte sehr wichtig, denn sie erleichtern den Aufschlußentscheid, der zur Einleitung von Erkundungsarbeiten notwendig ist, und

Zeitschrift für angewandte Geologie, Bd. 10 (1964) Heft 4

erhöhen seine Aussagesicherheit. Analog gilt dies auch für die sich anschließenden Arbeiten im Stadium der Erkundung. Selbst die betriebliche geologische Erkundung muß darauf bedacht sein, ihrem Produktionsbetrieb durch Angaben über zu erwartende, aber noch nicht erkundete Rohstoffreserven, d. h. durch eine begründete Prognose, Unterlagen für die Abbauplanung sowie für Investitionen zu vermitteln.

Die Beschäftigung mit der Prognose darf für die Geologen in der DDR keine zufällige, einmalige Angelegenheit sein. Die richtig verstandene Mitarbeit an der Prognose und die Arbeit mit ihr müssen zu einem Grundzug der geologischen Untersuchungsarbeit werden. Als methodisches Prinzip zieht sich die Prognose als der rote Faden durch die geologischen Untersuchungsarbeiten, von der Kartierung bis zur betriebsgeologischen Erkundung. Für die geologische Erkundung ist sie von großer Bedeutung und Wichtigkeit, denn sie zieht sich durch alle Stadien unserer geologischen Untersuchungsarbeiten hindurch.

Literatur

STAMMBERGER, F.: Internationale Abstimmung über die prognostischen Vorräte. – Z. angew. Geol., 9, 3, 157–158, Berlin 1963.

STAMMBERGER, F. & D. REINHOLD: Über die prognostischen Vorräte. – Bergakademie. 13, 11, 690–693, Berlin 1961.

2. Klassifikation der Lagerstättenvorräte fester mineralischer Rohstoffe der DDR (2. Vorratsklassifikation). – Z. angew. Geol., 8, 9, 494–496, Berlin 1962.

Kolloquium der VVB Feste Minerale zur Prognose mineralischer Rohstoffe. – WTI, 4, Sonderheft 5, Berlin 1963.

Zum Problem der „Abbaukondition“ bei pleistozänen Schollenlagerstätten[1]

WALTER MEHNER, Berlin

(Veröffentlichung Nr. 11 der Zentralen Vorratskommission für mineralische Rohstoffe)

Unter dem gleichen Thema hat K. GROTH in Heft 8/1963 dieser Zeitschrift insbesondere am Beispiel der „Schollenlagerstätte“ Eozänton Friedland zu zeigen versucht, daß für die Vorratsberechnung steil einfallender schmaler Rohstoffkörper neben den Konditionen maximaler Abraum und maximale Abbauteufe auch die gesetzlich vorgeschriebene Böschungsneigung bei Tagebauaufschlüssen zu berücksichtigen sei. Er hält die Berechnung anstehender Vorräte ohne Vorratsverluste, wie sie die ZVK fordert, in solchen Fällen für unreal, weil die tatsächlich gewinnbaren Vorräte weit hinter den berechneten zurückbleiben. Hier werden somit von der Vorratsberechnung her die Klassifikations- und Instruktionsbestimmungen angefochten. Dazu ist Stellung zu nehmen.

In der Abbildung, die als repräsentativ für den zu diskutierenden Fragenkomplex dem Schnitt 2 der Abb. 4 nach GROTH entnommen wurde, ist der südwestvergente Bau des Rohstoffkörpers charakteristisch. Nach den von der VVB Steine und Erden in Zusammenarbeit mit dem Werk und dem Erkundungsgeologen für die Vorratsberechnung und den Abbau festgelegten Konditionen (Abraum maximal 12 m, Gesamtteufe maximal 40 m, Generalneigung der Tonstrossen einschließlich Bermen 55°) spiegelt sich die GROTHsche Auffassung in Variante 1 wider. Am äußeren Lagerstättenumriß mit 12 m Abraum wird im Tonkörper die Böschungsneigung angesetzt, die nach GROTH den Bilanzvorrat vom nichtgewinnbaren Außerbilanzvorrat trennt. So entstehen besonders an der NE-Flanke des steil eintauchenden Rohstoffkörpers beträchtliche Verluste.

Das Friedländer Werk, das diesen Konditionen zugestimmt hat, tat in einer benachbarten Scholle noch ein übriges, indem es den Lagerstättenkörper nur in der günstigsten Abraumbedeckung anschnitt und damit offensichtlich Raubbau trieb.

Diese Variante 1 nach GROTH ist volkswirtschaftlich nicht zu vertreten. Sie wird dem Rohstoff im Sinne einer optimalen Abbautechnologie unter möglichst geringen Verlusten, wie sie die ZVK immer wieder fordert, nicht gerecht.[2] Wir sind überzeugt, daß der Projektant diese optimale Abbautechnologie besser nach der Variante 2 oder 3 lösen würde. Ausgehend von einer noch als zumutbar anzusehenden Belastung der Produktion durch die Förderkosten des Rohstoffs, ist eine Abbauvariante zu suchen, die sowohl mit dem anstehenden Vorrat haushälterisch umgeht als auch die Rentabilität des Werkes sichert. Aus den ähnlich gebauten Schollenlagerstätten des Kreidekalkes auf Rügen liegen Projektstudien vor, die beide Gesichtspunkte berücksichtigen und für den künftigen Aufschluß ausschließlich die optimale Nutzung im „komplexen Abbau“ anstreben. Das deutet auch GROTH am Beispiel der Lagerstätte Mönkendorf in der Variante II seiner Abb. 2 an; um so verwunderlicher bleibt, daß er daraus die notwendigen Schlußfolgerungen für Friedland nicht gezogen hat!

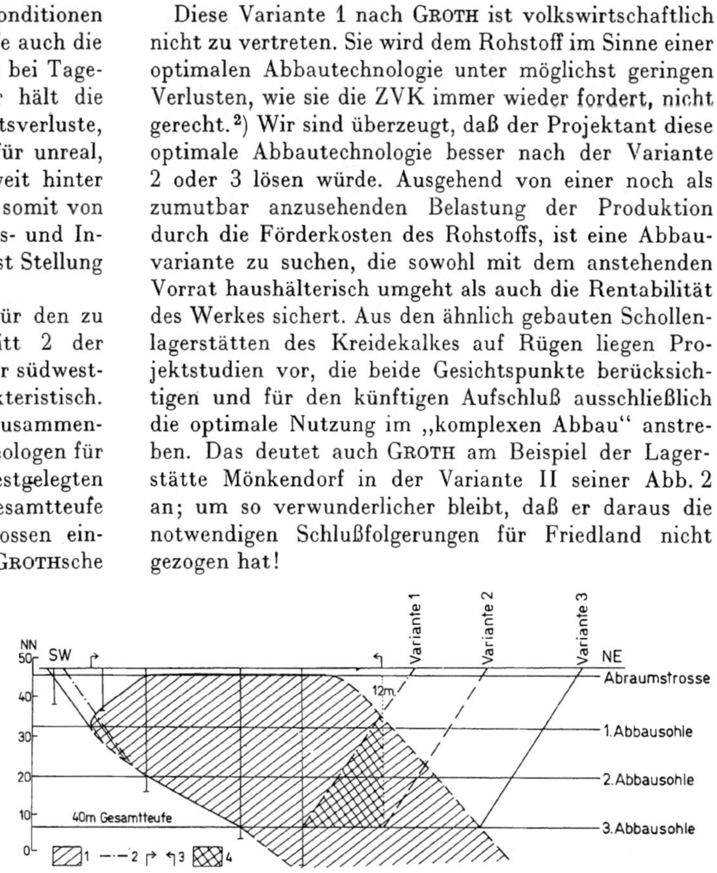

Abb. Schichtenschnitt durch Tonscholle II bei Friedland (Meckl.) mit verschiedenen Abbauvarianten (nicht überhöht)

1 – Tonscholle, 2 – Abbauvariante zur Vorratsberechnung, 3 – äußerer Lagerstättenumriß, 4 – Außerbilanzvorräte (1–4 nach GROTH)

[1]) Eingang des Manuskripts in der Redaktion: 13. 12. 1963

[2]) Hinzu kommt, daß der Friedländer Ton ein volkswirtschaftlich begehrter Rohstoff zur Herstellung von Dickspülton und für die Plattenproduktion ist.

Wie beim Kreidekalk Rügen sind auch beim Ton Friedland für das Abbauprojekt und damit für die Vorratsberechnung entscheidend:

a) ein maximales Verhältnis A:N (in m^3),

b) eine vertretbare Gesamtteufe.

Dieses A:N-Verhältnis beträgt in dem skizzierten Schnitt nach Variante 1 etwa 1:7, steigt nach Variante 2 auf etwa 1:3 und nach Variante 3 auf 1:1,7 an. Ohne den Entscheidungen des Projektanten vorgreifen zu wollen, wird nach der Rohstoffwertigkeit selbst dieses ungünstigste Verhältnis als ökonomisch noch gerechtfertigt angesehen. Auch GROTH stimmt in seiner Variante II Kreidekalk Mönkendorf für den komplexen Abbau einem berechneten Verhältnis 1:1,5 zu; außerdem sind solche A:N-Verhältnisse in vielen Ziegeltonlagerstätten mit ungestörter Lagerung anzutreffen. Wie die Abbildung zeigt, fällt in den oberen Strossenbereichen des Abbaues Friedland mehr Abraum an als in den unteren. Zugrunde gelegt wurde die im Werk vorhandene Baggerkapazität mit 12 m Schnittiefe.

Die maximale Abbauteufe — als 2. Konditionsforderung in sämtlichen 3 Varianten mit 40 m unter Flur angenommen (eine Tieferführung wäre nach Variante 3 und z. T. nach 2 möglich) — ist abhängig von dem Verhältnis A:N (m^3) und von bergtechnischen Faktoren. Jenes wird durch die Ausstrichbreite und das Einfallen des Tonkörpers beeinflußt, diese sind in unserem Beispiel vor allem nach der Standfestigkeit des Gebirges und den Wasserverhältnissen zu beurteilen. Aus den pleistozänen Massen können beträchtliche Wassermengen zusitzen, die im plastischen Ton und in sandigen Schichten des Abraums evtl. Rutschungen auslösen. (Es erscheint überhaupt fraglich, ob die als „Kondition" festgelegte Böschungsneigung von 55° die bergbauliche Sicherheit im tieferen Abbau garantiert oder flacher zu führen ist.) Deshalb sind nach den Forderungen der ZVK zur Begründung der Abbauteufe ingenieurgeologisch-hydrogeologische Gutachten notwendig.

Allein diese beiden zu begründenden Konditionsforderungen sichern den optimalen Abbau der Lagerstätte und sollten als orientierende Kennziffern noch vor der eingehenden Erkundung in Zusammenarbeit des Geologen mit dem Werk und dem Projektierungsbetrieb festgelegt werden. Die lineare Abraummächtigkeit verliert ihre Bedeutung bei derartigen Rohstoffkörpern. Die Böschungsneigung führt zu Vorratsverlusten, die eingeschätzt werden müssen. Der Vorratsberechnung ist sie nicht zugrunde zu legen. Um es noch einmal zu betonen, es ist bei solchen Lagerstätten nicht entscheidend, wieviel m Abraum, sondern wieviel m^3 Abraum im Verhältnis zu m^3 Ton bewältigt werden können. Ferner ist auch nicht entscheidend, welche Böschungsneigung zu wählen ist, sondern wo sie anzulegen ist, d. h. in unserem Beispiel, mit möglichst weitem seitlichem Einschnitt außerhalb der Lagerstätte.

Welche methodischen Hinweise für Erkundung und Vorratsberechnung solcher Objekte ergeben sich zwangsläufig aus diesen Überlegungen?

1. Die zu begründenden Konditionen müssen eine optimale Abbautechnologie des Rohstoffs sichern.

2. Ausgehend von den Konditionen, hat die Erkundung umfassende Fakten für die Vorratsberechnung und die Abbauprojektierung zu liefern. In den dargestellten Abbildungen ist die Erkundung besonders an der NE-Flanke unzulänglich, weil ohne Bohrungen der Bau dieser Flanke nur angenommen wurde. Zur exakten Klärung wären mindestens zwei tiefere Bohrungen erforderlich gewesen.

3. Wie die Varianten 2 und 3 verdeutlichen, ist die Berechnung anstehender Vorräte nach den zu bestätigenden Konditionen entsprechend den Forderungen der ZVK allein gerechtfertigt. Nur wenn diese Forderung erfüllt ist, kann der Projektant über den optimalen Abbau, nach verschiedenen Varianten ausgewählt, entscheiden.

Zusammenfassung

Im Gegensatz zu GROTH werden am Objekt Eozänton Friedland die Grundsätze zur Festlegung der Konditionen für die Vorratsberechnung und den Abbau gestörter Lagerstätten aufgezeigt. Die den Vorrat unökonomisch einengende Forderung einer linearen Abraummächtigkeit verliert in diesem Falle ihre sonst so große Bedeutung. Die erforderliche Böschungsneigung kann zu Vorratsverlusten führen, die in der industriellen Einschätzung anzugeben sind; sie ist jedoch als Kennziffer für die Vorratsberechnung nicht brauchbar. Im Sinne der optimalen Nutzung sind das Verhältnis Abraum:Rohstoff (m^3) und eine vertretbare Gesamtteufe zu begründen. Diese Kennziffern sind für den betreffenden Lagerstättentyp von besonderer Wichtigkeit.

Резюме

В противоположность ГРОТу, на примере объекта „эоценовые глины Фридланд" указываются основные положения установления кондиций для подсчета запасов и разработки нарушенных месторождений. Неэкономически сужающее запасы требование линеарно выдержанной мощности вскрышных пород теряет в этом случае свое в общем большое значение. Необходимый наклон откосов может обуславливать потерю запасов, которые надо указать при промышленной оценке; но он не пригоден в качестве показателя для подсчета запасов. В смысле оптимальной эксплуатации необходимо обосновать соотношение вскрышные породы:полезное ископаемое ($м^3$) и приемлемую общую глубину. Эти показатели особенно важны для данного типа месторождений.

Summary

Contrary to GROTH, the principles for the fixation of conditions concerning the calculation of reserves and mining of disturbed deposits are shown for the object „Eocene Clay Friedland". In this case, the demand for a linear overburden thickness, which uneconomically reduces the reserve, looses its otherwise great importance. The necessary inclination of slope may cause reserve losses which, however, must be included in the industrial estimate, although it is unsuited as an index for the reserve calculation. The ratio between overburden and raw material (m^3) and a total depth worth being advocated are to be founded in accordance with the optimum revenue. These indexes are of particular importance to the type of deposits concerned.

Instruktion zur Anwendung der „Klassifikation der Lagerstättenvorräte fester mineralischer Rohstoffe" auf Fluß- und Schwerspatlagerstätten der DDR

2. Fluß- und Schwerspat-Instruktion vom 19. Dezember 1963

INHALT

1. Die Rohstoffe und ihre Lagerstätten in der DDR

1.1. Die Rohstoffe

1.1.1. In den Fluß- und Schwerspatlagerstätten der DDR werden Flußspat (CaF_2) und Schwerspat ($BaSO_4$) gemeinsam oder getrennt angetroffen. In wechselnden Mengen sind außerdem in der Regel Quarz, Karbonspate, Sulfide und andere Minerale vorhanden, unter denen in den Lagerstätten der DDR Eisen- und Manganminerale als Begleiter des Schwerspats bisher industrielle Bedeutung erlangt haben.

1.1.2. Die industrielle Verwendung von Fluß- und Schwerspat ist sehr vielseitig, z. B.:

1.1.2.1. Flußspat

In der chemischen Industrie: unentbehrlich für die Produktion zahlreicher organischer und anorganischer Verbindungen mit vielseitigem Verwendungszweck.

In der Metallurgie: zur Herabsetzung der Viskosität silikatischer Schmelzen bei entschwefelnder Wirkung.

In der Glas- und Emaille-Industrie: zur Herabsetzung der Schmelztemperatur und zur Trübung der Schmelze.

In der Zementindustrie: zur Herabsetzung der Garbrandtemperatur.

1.1.2.2. Schwerspat

Als Reduzierspat: in der chemischen Industrie zur Herstellung zahlreicher Bariumverbindungen mit vielseitigem Verwendungszweck.

Als Farbspat: in der Farben- und Lackindustrie als Pigment; in der Gummi-, Kunststoff- und Papierindustrie als Füllstoff.

Als Belastungsspat: für die Bohrspülungen im Tiefbohrwesen; für die Herstellung von Spezialbeton für Strahlungsschutz in der Kern- und Röntgentechnik.

1.1.2.3. Flußspat wird ungemahlen (in verschiedenen Korngrößen) vorwiegend in der Metallurgie und gemahlen als Flotationsmehl oder als Rohmehl (gem. TGL) vorwiegend in der chemischen Industrie eingesetzt.

1.1.2.4. Schwerspat wird als gekörntes (zerkleinertes) Rohhaufwerk, angereichert als Aufbereitungskonzentrat und gemahlen als Mehl produziert.

1.1.3. In Abhängigkeit vom Verwendungszweck werden an die Rohstoffe bzw. an die Bergbauprodukte unterschiedliche Anforderungen gestellt (s. TGL 6555 Schwerspat, TGL 5652 Flußspat).

In der Regel ist für die Herstellung TGL-gerechter Flußspat- oder Schwerspatprodukte die Aufbereitung der Rohstoffe notwendig; nur selten kann Haufwerk ohne Veredlung in der Wirtschaft genutzt werden.

1.1.4. Der Aufbereitungseffekt für die geförderten Rohstoffe und seine Wirtschaftlichkeit werden vor allem durch die Korngrößen der Mineralverwachsungen der Rohstoffe, Art und Umfang an Beimengungen und Verunreinigungen des Haufwerkes mit Tonmineralen bestimmt.

1.1.5. Fluß- und Schwerspat können als industriell interessante Gangart in hydrothermalen Lagerstätten anderer Rohstoffe auftreten (z. B. fba-Abfolge der Freiberger Blei-Zink-Lagerstätten).

1.1.6. Begleitminerale, wie Quarz und Karbonspat, sowie Beimengungen, wie Strontium u. a., in Fluß- oder Schwerspatvorräten haben selten industrielle Bedeutung.

1.2. Die Lagerstätten

Die Fluß- und Schwerspatlagersätten der DDR lassen sich nach Form, Größe, Struktur und stofflicher Zusammensetzung in mehrere Lagerstättentypen gliedern, zu deren Untersuchung z. T. verschiedene Maßnahmen erforderlich sind und bei deren Vorratsberechnung verschiedene Voraussetzungen erfüllt sein müssen.

1.2.1. Lagerstättentyp I

Großflächige gangförmige Lagerstätten mit aushaltender stofflicher Zusammensetzung des mineralischen Rohstoffes und Mächtigkeit auf größere Entfernungen (mehrere hundert Meter) im Fallen und Streichen; tektonisch nicht oder nur wenig gestört.

1.2.2. Lagerstättentyp II

Großflächige gangförmige Lagerstätten mit wechselhafter Führung an Nutzkomponente (stark schwankender Zusammensetzung auf kurze Entfernungen) im Fallen und Streichen; tektonisch stark gestörte Lagerstätten bzw. mit stark wechselnden Mächtigkeiten des Ganges, Gangaufspaltungen u. ä.; ferner kleinflächige Lagerstätten wie Typ I.

1.2.3. Lagerstättentyp III

Äußerst unregelmäßige Lagerstätten, die sich auf Grund ihrer komplizierten Form, Struktur und Absetzigkeit nicht den Typen I und II zuordnen lassen.

1.2.4. Teile einer großen Lagerstätte können zu verschiedenen Lagerstättentypen gehören.

2. Die Untersuchung der Rohstoffe und der Lagerstätten

Die durchgeführten Untersuchungen können nur dann als ausreichend angesehen werden, wenn sie zuverlässige Angaben über Menge und Qualität der Rohstoffe sowie die geologischen, hydrogeologischen, berg- und aufbereitungstechnischen Verhältnisse geben, d. h., wenn auf der Grundlage der Untersuchungsergebnisse eine zuverlässige Vorratsberechnung und industrielle Einschätzung der Lagerstätte möglich ist.

2.1. Zum Erkundungsgrad gehören Art und Umfang der durchgeführten Erkundungsarbeiten, ihr spezifischer Umfang und ihr Gesamtumfang, ihre räumliche Verteilung auf der Lagerstätte und die Qualität ihrer Durchführung; die Zuverlässigkeit der Lagerstättenumgrenzung, Art und Umfang der Bemusterung, die Qualität ihrer Durchführung sowie die exakte Dokumentation der genannten Arbeiten.

2.1.1. Fluß- und Schwerspatlagerstätten werden in der DDR hauptsächlich durch bergmännische Arbeiten (manchmal kombiniert mit Bohrungen) erkundet; durch Kernbohrungen allein können in der Regel nur Vorräte niedriger Klassen oder prognostische Vorräte nachgewiesen werden.

Tabelle 1. Richtwerte für die Erkundungsabstände bei Fluß- und Schwerspatvorräten (in Metern)
(Bei Auffahrungen im Rohstoffkörper und punktartigen Aufschlüssen des Rohstoffkörpers durch Querschläge, Bohrungen u. ä.)

Lagerstättentyp	Erkundungssystem	A im		B im		C_1 im		C_2 im	
		Streichen	Fallen	Streichen	Fallen	Streichen	Fallen	Streichen	Fallen
I	Auff. i. Rohstoffkörper	50	50	100	50	200	50	über 200	100
	Punktart. Aufschluß: OT-Bohrungen,	–	–	–	–	–	–	50	50
	bergmännisch	–	–	25*)	25*)	25	25	50	50
	UT-Bohrungen	–	–	10*)	10*)	10	10	10	10
II	Auff. i. Rohstoffkörper	–	–	50	50	100	50	200	50
	Punktart. Aufschluß:								
	bergmännisch	–	–	–	–	25*)	25*)	25	25
	UT-Bohrungen	–	–	–	–	10*)	10*)	10	10
III	Auff. i. Rohstoffkörper	–	–	–	–	50	30	100	30
	Punktart. Aufschluß:								
	bergmännisch	–	–	–	–	–	–	25	15
	UT-Bohrungen	–	–	–	–	–	–	–	–

*) Nur bei Kombination von Querschlägen und UT-Bohrungen in den gen. Abständen.
Anmerkung: 1. Ist der Mineralkörper im Streichen absetziger als im Einfallen, gelten die Streichwerte für das Einfallen und umgekehrt.
2. Extrapolationswerte sind im Text (Klasseneinstufung) angegeben.
3. Die angegebenen Erkundungsabstände gelten nur, wenn der zugehörige Erforschungsgrad erreicht wurde.

2.1.2. Die in Tabelle 1 gegebenen Richtwerte für Erkundungsabstände stützen sich auf die praktische Erfahrung in der DDR und unterstellen durchschnittliche Verhältnisse für den Lagerstättentyp. Übergänge von einem Typ zum anderen und Abweichungen vom Durchschnitt — eine in der Praxis häufige Erscheinung — verpflichten den Erkundungsgeologen daher in jedem Fall, die Richtigkeit der gewählten Abstände (auch bei Übernahme der Richtwerte) zu begründen.

2.1.3. Bei Bohrungen muß der Kerngewinn im Rohstoffkörper einschließlich der Kontaktzone (0,20 bis 0,40 cm) mindestens 80% betragen.

2.1.3.1. Bei geringerem Kerngewinn können die Bohrungen in Verbindung mit geophysikalischen Messungen zur Festlegung der Mächtigkeit herangezogen werden, wenn die Verläßlichkeit der geophysikalischen Ergebnisse durch entsprechende Kontrollen im Bereich der Lagerstätte bestätigt wurde.

2.1.3.2. Bohrungen mit unzureichendem Kerngewinn im Rohstoffkörper dürfen zur Qualitätsbestimmung des anstehenden Rohstoffes nicht herangezogen werden.

2.1.3.3. Liegt für mehrere benachbarte Bohrungen gemäß 2.1.3.1. ungenügender Kerngewinn vor, können solche Vorräte nach den tatsächlich vorliegenden Unterlagen (des Teilkernes) gesondert berechnet und als Mindestvorräte ausgewiesen werden, wenn der Teilkern bereits ihren Bilanz- oder Außerbilanzcharakter nachweist und ihre Qualität aus einzelnen vollständigen Kernen oder in Analogie zu benachbarten Lagerstättenteilen hinreichend bestimmt werden kann.

2.1.4. Zur Bemusterung gehören Probenahme, Probenvorbereitung, Probenuntersuchung und Kontrolle der Ergebnisse.

2.1.4.1. Jeder erkundete Rohstoffkörper ist getrennt zu bemustern. Treten im Rohstoffkörper mehrere getrennt gewinnbare Rohstoffarten und -sorten (z. B. Fluß-, Farb- und Reduzierspat, Eisenerz) auf, so müssen diese getrennt bemustert werden.

2.1.4.2. Für die Probenahme in bergmännischen Bauen werden Schlitzproben empfohlen (u. U. auch Bohrmehlproben aus UT-Bohrungen).
Haufwerksproben sind zulässig, wenn für den betreffenden Block nur solche Proben vorliegen. Ihre gemeinsame Auswertung mit Schlitzproben führt zu Ungenauigkeiten und wird daher abgelehnt.
Punktproben[1]) sind nur bei einheitlicher Ausbildung des Rohstoffes zulässig. Ihre Zuverlässigkeit ist in jedem Falle zu kontrollieren und nachzuweisen.

[1]) Vgl. Begriffserläuterungen der ZVK

2.1.4.3. Kernlose Bemusterungsbohrungen können zur Mächtigkeitsbestimmung herangezogen werden, wenn die Grenzen des Rohstoffkörpers eindeutig feststellbar sind; zur Gehaltsbestimmung dann, wenn mit geeigneten Methoden (z. B. Bohrmehluntersuchung) die Gehalte ermittelt wurden.

2.1.4.4. Die Länge der Probeintervalle (bei Bohrungen, Schlitzen usw.) ist abhängig von der Abbautechnologie und dem geologisch-petrographischen Aufbau des Mineralkörpers. In jedem Falle muß seine ganze Mächtigkeit durch die Probe (oder Proben) erfaßt werden.

2.1.4.5. Die Abstände der Einzeluntersuchungen in bergmännischen Bauen sind abhängig von der Beständigkeit der Mineralführung. Ihre optimale Größe ist durch Untersuchungen zu ermitteln; bei der Vorratsberechnung ist darüber zu berichten.

2.1.4.6. Aus ökonomischen Gründen ist die Kombination von Schlitzproben und der kontrollierten visuellen Bemusterung zulässig, wenn die stoffliche Zusammensetzung des Rohstoffkörpers deren Anwendung gestattet.

2.1.4.7. Die visuelle Bemusterung besteht
a) in einer sorgfältigen Dokumentation der „Bemusterungsorte";
b) Ausgliederung verschiedener Mineralisationstypen;
c) Einsetzung der für diese Mineralisationstypen früher durch chemische Analyse erhaltenen Gehaltswerte und Berechnung des Gesamtgehaltes der „Probe".

2.1.4.8. Für die visuelle Bemusterung gelten folgende Festlegungen:
1. Der Maßstab für die Dokumentation der Bemusterungsorte wird vom Geologen nach den vorliegenden geologischen Verhältnissen festgelegt.
2. Nach einer zweckentsprechenden Graduierung der Gehalte an Nutzkomponente(n) werden Rohstoffsorten (mit entsprechenden Gehaltsspannen) ausgehalten und dokumentiert.
3. Die geschätzten konkreten Gehalte jeder Rohstoffsorte werden in die Dokumentation jedes visuellen Bemusterungsortes eingetragen. Die Berechnung des Durchschnittsgehaltes der Gesamtmächtigkeit erfolgt als gewogenes Mittel der geschätzten Gehaltswerte und gemessenen Einzelmächtigkeiten der Rohstoffsorten.
4. Die Gehaltsschätzungen werden in von der Absetzigkeit der Vererzung abhängigen Abständen vor allem durch Schlitz- oder echte Punktproben[2]) kontrolliert. Eine Kontrolle durch Haufwerksproben

[2]) Vgl. Begriffserläuterungen der ZVK

ist bei entsprechenden geologischen Voraussetzungen in Ausnahmefällen möglich.
5. Zur Kontrolle des Objektivitätswertes der Schätzungen sind in bestimmten Zeitabständen entsprechende Überprüfungen der Schätzfähigkeit aller an der Schätzung beteiligten Personen vorzunehmen, die Ergebnisse protokollarisch festzuhalten und als Dokument der Vorratsberechnung beizulegen.
6. Alle Dokumentationsunterlagen zur visuellen Bemusterung und ihrer Kombination sind mindestens für zwei bis drei Blöcke der Vorratsberechnung beizugeben. Bei Bedarf sind der ZVK auf Anforderung alle Unterlagen (leihweise bis zur Bestätigung) zur Verfügung zu stellen.
7. Visuelle Bemusterungen bereits abgebauter Blöcke können wie andere Bemusterungsergebnisse bei Vorratsberechnungen ausgewertet werden, wenn die visuelle Bemusterung den hier dargelegten Anforderungen genügt.

2.1.4.9. Gesteinszwischenmittel von mehr als 1 cm sind nicht in die Proben einzubeziehen. Sie sind bei der Qualitätsbestimmung rechnerisch zu berücksichtigen.

2.2. Zum Erforschungsgrad gehören Untersuchungen der Rohstoffqualität (mineralogische, chemische u. ä.), der technologischen Eigenschaften des Rohstoffes, der bergtechnischen und hydrogeologischen Verhältnisse, die geologische Analyse aller Erkundungsdaten und die Erforschung der Lagerstättengenese.

2.2.1. Rohstoffliche Untersuchungen

Der Mineralbestand der Rohstoffkörper ist so (mineralogisch, chemisch) zu untersuchen, daß eine eindeutige und den Forderungen der Industrie entsprechende qualitative und technische Kennzeichnung des Rohstoffes möglich ist.

2.2.1.1. Das Mengenverhältnis, die Korngrößen und der Verwachsungsgrad von Flußspat und/oder Schwerspat mit den Gangarten ist zu klären.

2.2.1.2. Der Charakter wertvoller und schädlicher Beimengungen und ihre Bindung an bestimmte Minerale muß so weit geklärt sein, daß die Technologie ihrer Gewinnung bzw. Beseitigung festgelegt werden kann.

2.2.1.3. Im Zusammenhang damit ist die Klärung der Genese der Lagerstätte und der einzelnen Rohstofftypen anzustreben. Die Ergebnisse dieser Arbeiten sind die Grundlage für die Extrapolation der untersuchten Mineralisation im Fallen und Streichen und ferner wichtig für die Lagerstättenprognose überhaupt.

2.2.1.4. Die Rohstoffdichte (Raumgewicht) ist aus Reihenuntersuchungen für jeden anstehenden Mineralisationstyp zu bestimmen. Die angewandte Methode muß zuverlässige Ergebnisse gewährleisten.

2.2.1.5. Mit dieser Bestimmung wird am besten die Ermittlung der Bergfeuchtigkeit des Rohstoffes verbunden. Unter Umständen ist sie für verschiedene Rohstoffsorten und Lagerstättenteile besonders zu ermitteln.

2.2.1.6. Für neuerkundete Lagerstätten sind aufbereitungstechnische Untersuchungen zu veranlassen. Berichte über die Ergebnisse dieser Prüfungen sind mit der Vorratsberechnung vorzulegen.

2.2.1.7. Die Vorbereitung der Proben zur Untersuchung muß den gültigen Vorschriften entsprechen und auf allen ihren Vorbereitungsstufen die Repräsentanz des bemusterten Anstehenden gewährleisten.
Die Untersuchung des Rohstoffes ist so vielseitig durchzuführen, daß auf Grund der Untersuchungsergebnisse die zweckmäßigste Verwendungsmöglichkeit ermittelt werden kann.

2.2.1.8. Liegt der Verwendungszweck fest, ist die chemische Analyse bei allen Proben mindestens auf die Komponenten durchzuführen, die nach dem Verwendungszweck von Bedeutung sind.
Die chemische Analyse auf Beimengungen kann nur in Einzelfällen für Gruppenproben aus maximal drei Proben zugestanden werden.

2.2.1.9. Die Zuverlässigkeit der Analysenergebnisse ist durch Kontrollanalysen zu bestätigen. Hierfür ist die entsprechende Anweisung der ZVK über „Innere und äußere Kontrolle" maßgebend.

2.2.2. Bergtechnische Untersuchungen

Zur Klärung der den Abbau und die laufende Unterhaltung des Grubengebäudes beeinflussenden bergtechnischen und hydrogeologischen Faktoren sind folgende Untersuchungen durchzuführen bzw. entsprechende Beobachtungen dokumentarisch festzuhalten:

2.2.2.1. die physikalischen Eigenschaften des Nebengesteins und des Rohstoffes (Bohrfähigkeit, Festigkeit, Standfestigkeit, Klüftigkeit usw.);

2.2.2.2. die wasserführenden Horizonte und Bereiche (statische und piezometrische Wasserspiegel, Bereiche möglicher Infiltration von Oberflächenwässern, Beziehungen zwischen den Wässern im Hangenden und Liegenden, chemische Eigenschaften der zusitzenden Wässer u. a.);

2.2.2.3. in Schachtröhren, Abbauräumen und Strecken sind die Auswirkungen des Gebirgsdruckes aufmerksam zu beobachten.

2.2.2.4. Wenn die unter 2.2.2. geforderten Untersuchungsergebnisse bereits aus benachbarten Grubenbauen bekannt sind und ihre Übertragung nachweislich zulässig ist, kann auf die Durchführung besonderer Untersuchungen verzichtet bzw. ihr Umfang weitgehend eingeschränkt werden.

3. Die Einstufung der Vorräte in die Vorratsgruppen und -klassen

Die Bestimmungen der „Klassifikation der Lagerstättenvorräte fester mineralischer Rohstoffe der DDR" zur Einstufung der Vorräte werden auf Fluß- und Schwerspatlagerstätten wie folgt angewendet:

3.1. Einstufung in die Vorratsgruppen

3.1.1. Die Einstufung in die Vorratsgruppen erfolgt auf der Grundlage von Konditionen, die von der Staatlichen Plankommission bestätigt wurden.

3.1.2. Für die Berechnung der Außerbilanzvorräte an Fluß- und Schwerspat werden in den Konditionen untere Grenzwerte festgelegt. Mineralkonzentrationen, deren Kennwerte unter diesen Grenzwerten liegen, sind im Sinne der ZVK keine Vorräte.

3.1.3. Prognostische Vorräte an Fluß- und Schwerspat werden gem. § 4 der „Klassifikation der Lagerstättenvorräte fester mineralischer Rohstoffe der DDR" für größere geologische Einheiten (z. B. Harz, Thüringer Wald u. a.) berechnet und der ZVK eingereicht. Sie werden kontrolliert, begutachtet, jedoch nicht bestätigt.

3.1.3.1. Zur Untergruppe Delta—1 gehören Vorräte solcher Gebiete, die auf Grund regionaler Untersuchungsergebnisse mit bereits erkundeten verglichen werden können und in denen der Rohstoff mindestens in einem Punkt nachgewiesen wurde, d. h. für die prognostische Vorräte mit Hilfe der Analogiemethode berechnet werden können.

3.1.3.2. Zur Untergruppe Delta—2 gehören Vorräte in solchen Gebieten, für die die Analogiemethode wegen fehlender Unterlagen nicht möglich ist und die Verbreitung des Rohstoffes lediglich auf Grund allgemeiner regional-geologischer, tektonischer u. a. Unterlagen nur angenommen wird.

3.2. Einstufung in die Vorratsklassen

Die Rohstoffvorräte werden in die einzelnen Klassen nach dem Untersuchungsgrad eingestuft. Dabei müssen alle im § 5 der „Klassifikation der Lagerstättenvorräte fester mineralischer Rohstoffe" gestellten Forderungen für die jeweilige Klasse erfüllt sein. Für Fluß- und Schwerspatlagerstätten werden diese Bedingungen wie folgt präzisiert:

3.2.1. Klasse A (a)

3.2.1.1. Der Vorratsblock muß im Rohstoffkörper mindestens dreiseitig umfahren sein; die Erkundungsabstände entsprechen den Richtwerten der Tab. 1 oder den für die konkreten Verhältnisse ermittelten Werten. Die Rohstofführung muß in den Auffahrungen lückenlos beobachtet worden sein und darf in keinem

Fall unter die Bilanzgrenzen sinken; ihr Verhalten in Aufschlußlücken (nichtaufgefahrene Seite des Blockes) darf keinen Zweifel hervorrufen.

3.2.1.2. Derartige Blöcke (Pkt. 3.2.1.1.) dürfen nur dann in die Klasse A eingestuft werden, wenn in den Aufschlüssen keine sprunghaften Veränderungen in Beschaffenheit und Mächtigkeit des Rohstoffkörpers festgestellt wurden, der Rohstoff keine zu starken Qualitätsschwankungen (Streuung mehr als 20% absolut) aufweist und keine Vertaubungen bzw. unter der Kondition liegenden Qualitäten angetroffen wurden.

3.2.1.3. Der tektonische Bau des Berechnungsblockes muß geklärt sein. In Ganglagerstätten mit Gangaufspaltung muß die Zugehörigkeit des Vorratsblockes eindeutig geklärt sein.

3.2.1.4. Die hydrogeologischen, bergtechnischen und sonstigen den späteren Abbau beeinflussenden Faktoren sind bekannt.

3.2.1.5. Zur Berechnung der Parameter des Blockes dürfen außerhalb der Vorratsgrenze gelegene Werte nicht herangezogen werden.

3.2.2. Klasse B (b)

3.2.2.1. Der Vorratsblock muß mindestens zweiseitig umfahren worden sein; die Erkundungsabstände entsprechen der Tab. 1 oder den für die konkreten Verhältnisse ermittelten Werten. Das Verhalten der Rohstoff-Führung muß in den Aufschlußlücken eindeutig zu beurteilen sein.

3.2.2.2. Bereiche, in denen Mächtigkeit und Gehalte unter die Konditionsgrenze absinken bzw. Vertaubungen, müssen auf Grund der Erkundungsergebnisse zu umgrenzen sein.

3.2.2.3. Der tektonische Bau, die hydrogeologischen, bergtechnischen und sonstigen den späteren Abbau beeinflussenden Verhältnisse müssen so weit geklärt sein, daß die Planung bergmännischer Arbeiten — unter Berücksichtigung möglicher Komplikationen — erfolgen kann.

3.2.2.4. Bei Erkundung durch UT-Bohrungen oder bergmännische „Punkt"aufschlüsse[3]) muß der Abstand zwischen den Aufschlüssen, auf die sich die Berechnung des Vorratsblockes stützt, dem für Klasse B vorgesehenen Abstand entsprechen.

3.2.2.5. Zur Berechnung der Parameter des Blockes dürfen außerhalb der Vorratsgrenzen gelegene Werte nicht herangezogen werden.

3.2.2.6. Vorräte dieser Klasse liegen stets im inneren Umriß der Lagerstätte. Sie dürfen nur dann in Klasse B eingestuft werden, wenn über die Veränderung bzw. Beständigkeit der Mächtigkeit, Gehalte, Zwischenmittel u. ä. Klarheit erzielt wurde.

3.2.2.7. In besonders zu begründenden Fällen (z. B. tektonische Störung bekannten Verlaufes u. ä.) kann ein Grenzstreifen bis zum halben Erkundungsabstand in die gleiche Klasse bei aushaltender Qualität und Mächtigkeit des Rohstoffes einbezogen werden.

3.2.3. Klasse C_1 (c_1)

3.2.3.1. Der Vorratsblock muß mindestens einseitig aufgeschlossen sein; die Erkundungsabstände entsprechen der Tab. 1 oder den für die konkreten Verhältnisse ermittelten Werten. Das Verhalten der Rohstofführung muß für den gesamten Block in den Grundzügen geklärt sein.

3.2.3.2. Im Anschluß an Vorräte der Klasse A und B können bei entsprechenden geologischen Verhältnissen Vorräte der Klasse C_1 bis auf den halben Erkundungsabstand (bei formalen Entscheidungen) für diese Klasse extrapoliert werden. Sie liegen in diesem Falle im Grenzstreifen zwischen innerem und äußerem Umriß.

3.2.3.3. Bereiche, in denen Mächtigkeit und Gehalte unter die Konditionsgrenze absinken bzw. Vertaubungen, müssen durch berechnete Koeffizienten zu erfassen sein.

[3]) d. h. solche Aufschlüsse, wie Schächte, Schürfe, Querschläge u. ä., durch die im Mineralkörper geologisch nur ein „Punkt" beleuchtet wurde.

3.2.3.4. Der tektonische Bau der Berechnungsblöcke muß in den Grundzügen so weit geklärt sein, daß der Abbau — ohne Details — geplant werden kann.

3.2.3.5. Die hydrogeologischen, bergtechnischen und sonstigen den späteren Abbau beeinflussenden Verhältnisse müssen in den Grundzügen — u. U. unter Heranziehung von Daten aus benachbarten Blöcken — geklärt sein.

3.2.3.6. Zur Berechnung der Parameter des Blockes müssen vorwiegend Werte innerhalb der Blockgrenze vorliegen. Die Berücksichtigung von Daten aus benachbarten Blöcken ist zulässig.

3.2.3.7. Verläuft die Blockgrenze eines nichtextrapolierten C_1-Blockes in der Nähe einer nachgewiesenen Störung bekannten Verlaufs oder einer anderen den Abbau begrenzenden Linie, kann die Zwischenfläche bei entsprechenden geologischen Voraussetzungen dem betreffenden C_1-Block hinzugefügt werden, wenn die Entfernung zwischen beiden die Hälfte der C_1-Erkundungsabstände nicht überschreitet.

3.2.4. Klasse C_2 (c_2)

3.2.4.1. Der Vorratsblock wurde nach den in Tab. 1 angegebenen Richtwerten oder den für die konkreten Verhältnisse ermittelten Werten erkundet und der Rohstoff in Einzelpunkten untersucht bzw. analoge Verhältnisse wie in benachbarten Blöcken als geologisch wahrscheinlich angenommen.

3.2.4.2. Im Anschluß an Vorräte der Klassen A, B und (nichtextrapolierte) C_1 können bei entsprechenden geologischen Verhältnissen Vorräte der Klasse C_2 (bei formalen Entscheidungen) bis auf den halben Erkundungsabstand für diese Klasse extrapoliert werden. Sie liegen in diesem Falle im Grenzstreifen zwischen innerem und äußerem Umriß.

3.2.4.3. Verläuft die Blockgrenze eines nichtextrapolierten C_2-Blockes in der Nähe einer nachgewiesenen Störung bekannten Verlaufs oder einer anderen den Abbau begrenzenden Linie, kann die Zwischenfläche bei entsprechenden geologischen Voraussetzungen dem betreffenden C_2-Block hinzugefügt werden, wenn die Entfernung zwischen beiden die Hälfte der C_2-Erkundungsabstände nicht überschreitet.

3.2.4.4. Wurden in den Aufschlüssen bei C_2-Abständen günstige Verhältnisse angetroffen und läßt die allgemeine geologische Situation eine Extrapolation zu, können an den inneren Umriß der C_2-Vorräte extrapolierte Vorräte der gleichen Klasse bis zum halben Erkundungsabstand für C_2 berechnet werden.

3.2.4.5. Die Klärung des tektonischen Baues, der hydrogeologischen, bergtechnischen und sonstigen den Abbau beeinflussenden Verhältnisse kann sich auf die Grundfragen beschränken. Die getroffenen Feststellungen dürfen jedoch die Gruppeneinstufung des Vorrates nicht in Zweifel stellen.

3.2.4.6. Zur Berechnung der Parameter des Blockes können Ergebnisse aus benachbarten Blöcken herangezogen werden, allerdings nur dann, wenn die aus dem Block vorliegenden Werte allein den Bilanzcharakter des Vorrates bereits nachweisen.

4. Allgemeine Festlegungen für die Berechnung und Bilanzierung der Vorräte

4.1. Vorräte in Sicherheitspfeilern

4.1.1. Vorräte in sogenannten „ewigen Sicherheitspfeilern" werden bei der ersten Vorratsberechnung berechnet und der ZVK mitgeteilt. Die Verfügung über die Festlegung der Sicherheitspfeiler ist der Vorratsberechnung abschriftlich beizufügen. Diese Vorräte werden später nicht mehr berechnet und unabhängig davon, ob es sich um Bilanz- oder Außerbilanzvorräte handelt, nicht bilanziert.

4.1.2. Vorräte in befristeten Sicherheitspfeilern werden berechnet und in der entsprechenden Vorratsgruppe gesondert ausgewiesen.

4.1.3. Vorräte in abseits gelegenen Restpfeilern, deren Abbau z. Z. ökonomisch nicht vertretbaren Aufwand erfordert, werden nach einem technisch-ökonomischen Gutachten entweder unter Einhaltung der

Zeitschrift für angewandte Geologie, Bd. 10 (1964) Heft 4

hierzu erlassenen Vorschriften abgeschrieben, d. h. aus der Vorratsbilanz entfernt, oder als normaler Vorrat geführt.

4.2. In tektonisch stark gestörten Lagerstätten können Vorräte einzelner Blöcke trotz bilanzwürdiger Parameter zu Außerbilanzvorräten werden, wenn die tektonische Beeinflussung eine Gewinnung nur mit ökonomisch nicht vertretbarem Aufwand gestattet. Solche Umstufungen sind technisch und ökonomisch zu begründen.

4.3. Bilanzwürdige Vorräte eines isolierten kleinen Rohstoffkörpers sind zunächst als Bilanzvorräte auszuweisen, ihre industrielle Einschätzung ist besonders eingehend zu geben. Die ZVK überprüft bei der Bestätigung der Vorratsberechnung die Bilanzwürdigkeit dieser Vorräte und kann sie einer anderen Vorratsgruppe zuordnen.

4.4. Festlegungen zur Berechnung

4.4.1. Die Vorräte jeder Rohstoffsorte sind getrennt zu berechnen.

4.4.2. Bei Rohstoffgemengen sind alle Nutzkomponenten zu berechnen.

4.4.3. Als Berechnungsunterlagen sind markscheiderische Risse in der Regel im Maßstab 1:500 zu benutzen; Ausnahmefälle (Risse im Maßstab 1:1000) bedürfen der Zustimmung der ZVK.

4.5. Wurden bei der Erkundung auf Fluß- und Schwerspat andere mineralische Rohstoffe angetroffen, so sind die entsprechenden Unterlagen den zuständigen Erkundungsbetrieben, VVB usw. zu übergeben, die für die Berechnung dieser Vorräte nach den Richtlinien und Instruktionen verantwortlich sind (wenn die Bearbeiter nicht für eine ordnungsgemäße Berechnung dieser Rohstoffe qualifiziert genug sind). Im Bericht zur Vorratsberechnung sind dann entsprechende Nachweise beizubringen bzw. Vereinbarungen über die Berechnung dieser Vorräte mitzuteilen.

4.6. In den „Richtlinien der ZVK über Form und Inhalt von Vorratsberechnungen" wird die industrielle Einschätzung neuerkundeter und in Abbau stehender Lagerstätten gefordert.
Bei neuerkundeten Lagerstätten gehören dazu vor allem folgende Angaben:
optimale Jahresförderung eines zukünftigen Betriebes, erwartete Lebensdauer, orientierungsmäßiger Umfang der erwarteten Grund- und Nachfolgeinvestitionen, zu erwartende Selbstkosten einer Tonne verwertbarer Förderung, Vergleich der Selbstkosten mit denen analoger Betriebe bzw. dem Durchschnitt des Industriezweiges, erschwerende (die Produktion verteuernde) Umstände.
Bei bereits in Abbau stehenden Lagerstätten sind vor allem mitzuteilen:
Jahresförderung, Abbauverluste, Lebensdauer bei Beachtung des Perspektivplans und der Gesamtvorräte, Selbstkosten, Vergleich mit analogen Betrieben und dem Durchschnitt des Industriezweiges und die zeitliche Entwicklung der entscheidenden technisch-ökonomischen Kennziffern.

5. Die volkswirtschaftliche Bedeutung der Vorräte

5.1. Die im Abschnitt V der Vorratsklassifikation fester mineralischer Rohstoffe formulierte volkswirtschaftliche Bedeutung der Vorräte der einzelnen Vorratsklassen und ihrer Gesamtheit wird für Fluß- und Schwerspatlagerstätten durch spezielle Weisungen der Staatlichen Plankommission geregelt.

5.2. Für Entscheidungen, die durch diese Weisungen nicht berührt werden, sind die entsprechenden Festlegungen der Vorratsklassifikation maßgebend.

ZENTRALE VORRATSKOMMISSION FÜR MINERALISCHE ROHSTOFFE DER DDR
Der Vorsitzende
Stammberger

Instruktion zur Anwendung der „Klassifikation der Lagerstättenvorräte fester mineralischer Rohstoffe" auf Natursteinlagerstätten der DDR

1. Naturstein-Instruktion vom 17. Dezember 1963

INHALT

1. Die Rohstoffe und ihre Lagerstätten in der DDR

Als Natursteine werden alle von der Natursteinindustrie genutzten Gesteine bezeichnet. Im Sinne der technischen Gesteinskunde sind es „Festgesteine" unterschiedlicher geologischer Entstehung.
Nach ihrem Verwendungszweck werden unterschieden:
a) Hartgesteine für die Herstellung von Brechprodukten,
b) Werksteine, einschließlich Pflaster- und Mauersteine,
c) Dekorationssteine.

1.1. Aus Hartgesteinen werden Brechprodukte (Schotter, Splitt, Schüttpacke) hergestellt. Sie müssen wetter- und frostbeständig sein, hohe Druck- und Schlagfestigkeit sowie nach der Bearbeitung günstige Kornform aufweisen. Brechprodukte verarbeiten die Bau- und Betonindustrie sowie das Verkehrswesen (Straßen-, Gleis-, Hoch-, Tief- und Wasserbau).

1.1.1. Für die Herstellung von Brechprodukten sind Quarzporphyr, Basalt und Diabas besonders geeignet; gut brauchbar sind ferner Porphyrit, Keratophyr, klein- bis mittelkörniger Granit und Diorit. Amphibolit, Granulit, Quarzit, Grauwacke, einige Gneisarten sowie massige Kalksteine können bei entsprechender Ausbildung den Anforderungen genügende Brecherzeugnisse liefern.

1.1.2. Nicht geeignet sind ausgeprägt schichtige oder schiefrige Gesteine.

1.2. Hauptmerkmale für die Herstellung von Werk-, Pflaster- und Mauersteinen sind neben den unter 1.1. genannten Eigenschaften gute Spaltbarkeit und Bearbeitbarkeit. Die Gewinnung großer und stichfreier Blöcke, d. h. ohne schädliche Haarrisse, muß möglich sein.

1.3. Dekorationssteine müssen neben den vorgenannten Qualitätsmerkmalen vor allem dekoratives Aussehen besitzen sowie in vielen Fällen auch schleif- und polierfähig sein.

1.4. In der DDR haben für die Gewinnung von Werk- und Dekorationssteinen folgende Gesteine besondere Bedeutung: Granit, Granodiorit, Lamprophyr, Porphyr, Tuff, Sandstein, Kalkstein, Travertin, Marmor, Tonschiefer (Dachschiefer), Serpentin.

1.5. Nach dem jeweiligen Verwendungszweck werden an die physikalischen und technologischen Eigenschaften der Natursteine unterschiedliche Ansprüche gestellt. Sie werden, sofern sie nicht Bestandteil der entsprechenden TGL und Standards sind, in den Konditionen vorgegeben.

1.6. Die in der DDR vorhandenen Natursteinlagerstätten können nach Größe, Form und Lagerungsverhältnissen drei Lagerstättentypen zugeordnet werden, deren Untersuchung verschiedene Maßnahmen und unterschiedlichen Aufwand erfordert und bei deren Vorratsberechnung unterschiedliche Voraussetzungen erfüllt sein müssen.

1.6.1. Lagerstättentyp I

Großflächige Lagerstätten einfacher Form und ungestörter Lagerung, in Mächtigkeit und stofflicher Zusammensetzung aushaltend, mit im wesentlichen gleichbleibenden Abraumverhältnissen (Mächtigkeit, Beschaffenheit u. ä.).

1.6.2. Lagerstättentyp II

Kleinflächige Lagerstätten einfacher Form und Lagerung, in Mächtigkeit und stofflicher Zusammensetzung aushaltend, mit im wesentlichen gleichbleibenden Abraumverhältnissen.
Ferner Lagerstätten des Typs I mit bedeutenden Schwankungen in Mächtigkeit und/oder stofflicher Zusammensetzung sowie nicht gleichbleibenden Abraumverhältnissen.

1.6.3. Lagerstättentyp III

Groß- und kleinflächige Lagerstätten komplizierter Form, in Mächtigkeit, Lagerung und/oder stofflicher Zusammensetzung auf kurze Entfernungen nicht aushaltend; mit stark wechselnden Abraumverhältnissen.

1.6.4. Teile einer großen Lagerstätte können zu verschiedenen Lagerstättentypen gehören. Die Zuordnung einer Lagerstätte oder ihres Teiles zu einem bestimmten Lagerstättentyp muß ausreichend begründet werden.

2. Die Untersuchung der Rohstoffe und der Lagerstätten

Die durchgeführten Untersuchungen können nur dann als ausreichend angesehen werden, wenn sie zuverlässige Angaben über Menge und Qualität des Rohstoffs sowie die geologischen, hydrogeologischen und abbautechnischen Verhältnisse liefern, d. h., wenn auf der Grundlage der Untersuchungsergebnisse eine zuverlässige Vorratsberechnung und industrielle Einschätzung der Lagerstätte möglich ist.
Die Erfüllung dieser Forderung wird am Untersuchungsgrad der Lagerstätte gemessen, der sich aus Erkundungs- und Erforschungsgrad zusammensetzt.

2.1. Der Erkundungsgrad

Zum Erkundungsgrad gehören: die Art der durchgeführten Erkundungsarbeiten, ihr spezifischer Umfang und ihr Gesamtumfang, ihre Verteilung über die Lagerstättenfläche und die Qualität ihrer Durchführung; die Zuverlässigkeit der Lagerstättenumgrenzung (horizontal und vertikal), Art und Umfang der Bemusterung und die Qualität ihrer Durchführung sowie die exakte Dokumentation der genannten Arbeiten.

2.1.1. Die Erkundung von Natursteinlagerstätten wird überwiegend mit Hilfe von Bohrungen durchgeführt, in bestimmten Fällen sind auch bergmännische Arbeiten erforderlich.

2.1.1.1. Die Abraumverhältnisse sind gewöhnlich durch Schürfe oder flache Bohrungen zu klären. Zur Abgrenzung des Abraums und der Zersatzzonen vom nutzbaren Gestein werden oft geophysikalische Verfahren, insbesondere im Stadium der Vorerkundung, mit Erfolg angewendet.

2.1.1.2. Im nutzbaren Gestein muß ein Mindestkerngewinn von 80% erreicht werden.[1] Im Abraum bzw. Nebengestein muß er so hoch sein, daß er in Verbindung mit anderen Erkundungsergebnissen (z. B. geophysikalischen) zur eindeutigen Klärung der gestellten Aufgaben ausreicht.
Wird z. B. in klüftigen Gesteinen dieser Kerngewinn nicht erreicht, kann der ausgebrachte Restkern einer Bohrung nur dann zur Vorratsberechnung herangezogen werden, wenn er mit Hilfe stratigraphischer, geophysikalischer, geochemischer o. a. Angaben eindeutig in das Profil eingeordnet werden kann.

2.1.1.3. Die Abstände der Bohrungen (Schürfe) sind vom Lagerstättentyp abhängig. Sie können nicht für jeden konkreten Fall vorgeschrieben, sondern müssen vom Erkundungsgeologen ermittelt werden. Die in Tab. 1 (Pkt. 6.1.) angegebenen Richtwerte stützen sich auf die praktische Erfahrung in der DDR und unterstellen durchschnittliche Lagerstättenverhältnisse des betreffenden Typs.
Übergänge von einem Typ zum anderen und Abweichungen vom Durchschnitt werden in der Praxis häufig angetroffen. Der Erkundungsgeologe ist daher verpflichtet, die Richtigkeit der von ihm gewählten Erkundungsabstände (auch bei Übernahme der Richtwerte) zu begründen.

2.1.1.4. Die Erkundungsaufschlüsse müssen bis ins Liegende des in die Berechnung eingehenden Rohstoffkörpers gestoßen werden.
Eine Ausnahme ist dann gestattet, wenn das Liegende gespanntes Wasser führt oder die unteren Partien des Rohstoffkörpers wegen Qualitätsverschlechterung oder zu großer Teufe für eine Gewinnung nicht geeignet sind. In diesen Fällen ist in der Regel das Liegende bzw. der Liegendteil des Rohstoffkörpers mindestens durch Einzelaufschlüsse im notwendigen Umfang zu untersuchen.

2.1.1.5. Der Enddurchmesser der Bohrungen muß eine ausreichende und einwandfreie Probenahme ermöglichen.

2.1.2. Zur Bemusterung gehören folgende Arbeitsprozesse: Probenahme, Probenvorbereitung, Probenuntersuchung und Bemusterungskontrolle.

2.1.2.1. Wenn nicht das Material aus allen Bohrungen (Schürfen) untersucht wird, ist bei der Probenahme darauf zu achten, daß einerseits die Zahl der zu untersuchenden Proben der Ausdehnung der Lagerstätte entspricht, andererseits die Proben möglichst gleichmäßig über die Lagerstätte verteilt sind und alle Rohstoffqualitäten und Schichten erfassen, die bei einer späteren Nutzung abgebaut werden.

2.1.2.2. Die Probenahme hat durch den Erkundungsgeologen bzw. nach dessen Anweisung durch einen Vertreter zu erfolgen.

2.1.2.3. Das Material aus einer Bohrung (Schurf) dient in der Regel für mehrere Einzel- bzw. Sektionsproben oder eine Gesamtprobe. Diese Proben können nur in besonders zu begründenden, von geologischen und technologischen Sonderverhältnissen abhängigen Fällen mit Proben aus anderen Bohrungen (Schürfen) zu Gruppenproben zusammengefaßt werden.

2.1.2.4. In den einzelnen Aufschlüssen sind Gesteine unterschiedlicher Beschaffenheit getrennt zu bemustern. Ausgenommen sind solche Fälle, in denen ihre gemeinsame Gewinnung vorgesehen ist. Auch in diesen Fällen muß durch Untersuchungen festgestellt werden, ob und in welchem Maße z. B. eingelagertes Material von den geforderten Konditionen abweicht.

2.1.2.5. Die Probemenge wird von der Art der Untersuchung bestimmt. Sie schwankt zwischen einzelnen Probestücken und mehreren Tonnen und ist nach den in den TGL gegebenen Hinweisen zu bemessen. Wird unter Werksbedingungen ein Produktionsversuch (Großversuch) gefahren, sind oft mehrere Kubikmeter Rohmaterial erforder-

[1] Für Dachschiefer ergehen besondere Anweisungen.

lich, die aus bergmännischen Auffahrungen oder vorhandenen Steinbrüchen gewonnen werden.

2.2. Der Erforschungsgrad

Zum Erforschungsgrad gehören Untersuchungen zur Rohstoffqualität (mineralogisch-petrographische und physikalische, evtl. chemische Untersuchungen sowie technologische Prüfungen), der bergtechnischen Verhältnisse (insbesondere Hydrogeologie), die geologische Analyse aller Erkundungsdaten und die Erforschung der Lagerstättengenese.

2.2.1. Die Rohstoffuntersuchung hat das Ziel, die stoffliche Zusammensetzung und die physikalischen und technologischen Eigenschaften des Materials sowie die Verteilung der festgestellten Qualitäten in der Lagerstätte zu ermitteln.

2.2.1.1. In jedem konkreten Fall muß das Untersuchungsprogramm mindestens auf die vorgesehene Verwendung des Rohstoffes ausgerichtet werden (s. Pkt. 6.2.). Liegt diese noch nicht fest, sind vielseitige Untersuchungen zur Bestimmung des optimalen industriellen Einsatzes durchzuführen. Besonders zu beachten sind alle für die vorgesehenen Erzeugnisse schädlichen Beimengungen oder Erscheinungen (nichtverwitterungsbeständige Mineralkomponenten, Sonnenbrandneigung, HCl-Lösliches bei Verwendung in aggressiven Bereichen u. a.).

2.2.1.2. Für die Durchführung der Untersuchungskontrolle sind die entsprechenden Richtlinien der ZVK maßgebend. Die kontrollierten Ergebnisse sind dann eindeutig und für die Vorratsberechnung brauchbar, wenn z. B. zwischen den Untersuchungsergebnissen eines Werkes und eines Spezialinstituts keine für den Verwendungszweck wesentlichen Abweichungen auftreten.

2.2.2. Die Klärung der abbautechnischen Verhältnisse

Die physikalischen Eigenschaften des Rohstoffes und des Nebengesteins (Vor- und Zwischenabraum) sind für den Abbau (Berücksichtigung bei den zu planenden Geräten) zu klären. Die hydrogeologischen Verhältnisse (Zuflüsse von Oberflächenwässern, Grundwasserleiter usw.) sind in einem für die Abbauprojektierung ausreichenden Umfange zu untersuchen. Vorschläge für den günstigsten Abbau (Lage der Strossen und zweckmäßige Abbautechnologie) sind erwünscht.

2.2.2.1. Die Klärung der hydrogeologischen Verhältnisse ist in Natursteinlagerstätten meist relativ aufwendig. Der Umfang zusitzender Oberflächenwässer läßt sich gewöhnlich durch die zum Vorratsnachweis erforderlichen Erkundungsaufschlüsse einschätzen. Die Wasserführung in klüftigen Zonen der Lagerstätte kann jedoch exakt nur durch Pumpversuche ermittelt werden. Ob der dazu erforderliche Aufwand ökonomisch vertretbar und notwendig ist, muß für jeden Fall konkret geprüft und entschieden werden.

2.2.2.2. Bei Neuaufschlüssen und der Gewinnung des Rohmaterials ist die Kenntnis der Lagerungsverhältnisse und der Tektonik von großer Bedeutung.

2.2.2.2.1. Für Schotter- und Splittwerke ist sie für die Auffahrungsrichtung der Brüche, die Festlegung der Strossen, die Standfestigkeit der Gesteinsmassen und für das zweckmäßigste Sprengverfahren bestimmend.

2.2.2.2.2. In der Werkstein- und Dekorationssteinindustrie sind Lagerungsverhältnisse und Tektonik dafür entscheidend, in welchem Ausmaß Rohblöcke gewonnen werden können, wie der Aufschluß am günstigsten auszulegen ist u. a.

2.2.2.2.3. Durch die Erkundungsarbeiten sind diese Verhältnisse ausreichend zu klären und im Bericht durch Unterlagen (Photographien, Zeichnungen, Kluftdiagramme, rißliche Dokumentation u. a.) zu belegen.

2.2.2.3. Beschaffenheit und Mächtigkeit des Abraumes beeinflussen nicht nur die Abbautechnologie, sondern die Nutzungsmöglichkeit der Lagerstätte. Die sichere Abgrenzung des angewitterten Gesteins von völlig frischem ist fast stets erforderlich.

2.2.2.4. Ist untertägige Gewinnung des Rohstoffs vorgesehen, sind die in den Richtlinien der ZVK geforderten montantechnischen Untersuchungen möglichst in Abstimmung mit dem zuständigen Projektierungsbüro durchzuführen.

3. Die Einstufung der Vorräte in die Vorratsgruppen und -klassen

Die Bestimmungen der „Klassifikation der Lagerstättenvorräte fester mineralischer Rohstoffe" vom 31.1.1962 sind auf Vorräte der Natursteine wie folgt anzuwenden:

3.1. Die Vorratsgruppen

Die Zuordnung der Vorräte zu den einzelnen Vorratsgruppen erfolgt nach den von der SPK (bzw. von ihr beauftragten Institutionen) bestätigten Konditionen, die alle zur Beurteilung des Rohstoffs, seiner Gewinnung und Verarbeitung erforderlichen Kennziffern enthalten müssen (z. B. Qualitätsforderungen, Mindestmächtigkeit des Rohstoffs, Verhältnis Abraum : Nutzbarem, maximaler Abraum, maximale Abbautiefe und Spezialforderungen).

3.1.1. Für den Abbau von Natursteinvorräten im Tagebaubetrieb können derzeit nur nachstehende allgemeine Richtwerte (Orientierungswerte) genannt werden.

3.1.1.1. Die Mindestmächtigkeit der Gesteine, die zu Brechprodukten verarbeitet werden, soll in der Regel 30 m (maximale Höhe einer Strosse) nicht unterschreiten.
In Lagerstätten für die Werk- und Dekorationssteingewinnung ist die Mindestmächtigkeit vom prozentualen Anteil verarbeitbaren Materials, von der Nutzungsmöglichkeit des übrigen Gesteins und anderen Faktoren abhängig.

3.1.1.2. Das Verhältnis Abraum : Nutzbarem (A:N) soll bei Lagerstätten für Brechprodukte im allgemeinen nicht ungünstiger als 1:8 sein. Bei veredlungsfähigem Material für Dekorationszwecke u. a. sind die Anforderungen vom Rohstoff abhängig.

3.1.2. Vorräte, bei denen die Konditionen erfüllt sind, sind Bilanzvorräte.

3.1.3. Vorräte, bei denen die Konditionen derzeit nicht erfüllt sind, deren zukünftige Bilanzwürdigkeit jedoch bei vorauszusehender technischer Entwicklung erwartet werden kann, sind Außerbilanzvorräte.

3.1.4. Anstehende Rohstoffmengen, die auch in Zukunft eindeutig nicht genutzt werden können, sind im Sinne der ZVK keine Vorräte.

3.1.5. Prognostische Vorräte werden für Natursteinrohstoffe gewöhnlich nicht berechnet. Eine Ausnahme bilden sehr große teilerkundete Lagerstätten, bei denen das Aushalten des Rohstoffkörpers und seiner Qualität vorausgesagt werden kann und für die industrielle Einschätzung der Lagerstätte von wesentlicher Bedeutung ist. Prognostische Vorräte werden von der ZVK begutachtet, jedoch nicht bestätigt.

3.2. Die Vorratsklassen

In Übereinstimmung mit der „Klassifikation der Lagerstättenvorräte fester mineralischer Rohstoffe" müssen für Vorräte von Natursteinen nachstehende Forderungen erfüllt sein.

3.2.1. Klasse A (a)

3.2.1.1. Der Berechnungsblock wurde in für Klasse A ausreichenden Abständen (d. h. gem. Tab. 1 oder für die konkreten Verhältnisse als optimal ermittelten) erkundet und der Rohstoff entsprechend untersucht.

3.2.1.2. Innerhalb des Blockes wurden nur den Konditionen entsprechende Verhältnisse angetroffen.

3.2.1.3. Nach den Untersuchungsergebnissen sind innerhalb des Berechnungsblockes wesentliche Verschlechterungen der festgestellten Qualität, z. B. des Mineralbestandes, des Gesteinsgefüges, des frischen Erhaltungszustandes, der schädlichen Beimengungen sowie Veränderungen im Lagerstättenkörper selbst, z. B. klufttektonischer Art, nicht zu erwarten.

3.2.1.4. Die hydrogeologischen und bergtechnischen Verhältnisse sind geklärt.

3.2.2. Klasse B (b)

3.2.2.1. Der Berechnungsblock wurde in für Klasse B ausreichenden Abständen (d. h. gem. Tab. 1 oder für die konkreten Verhältnisse als optimal ermittelten) erkundet und der Rohstoff entsprechend untersucht.

3.2.2.2. Gesteinspartien oder Einschaltungen von Gesteinen (Gänge oder Lager, Linsen u. a.), die nicht den Konditionen entsprechen, wurden mit ausreichender Sicherheit abgegrenzt.

3.2.2.3. Die durchgeführten Untersuchungen gestatten eine eindeutige Beurteilung des Rohstoffs für den vorgesehenen Verwendungszweck.

3.2.2.4. Hydrogeologische Verhältnisse und bergtechnische Faktoren sind so weit geklärt, daß beim Abbau nicht mit Überraschungen zu rechnen ist.

3.2.2.5. In besonders zu begründenden Fällen (naher Sicherheitspfeiler, angrenzende Störungen bekannten Verlaufs) kann ein Grenzstreifen bis zum halben Erkundungsabstand der Klasse B bei aushaltender Qualität und Mächtigkeit des Rohstoffs in den Berechnungsblock einbezogen werden.

3.2.3. Klasse C_1 (c_1)

3.2.3.1. Der Berechnungsblock wurde in für Klasse C_1 ausreichenden Abständen (d. h. gem. Tab. 1 oder für die konkreten Verhältnisse als optimal ermittelten) erkundet und der Rohstoff entsprechend untersucht.

3.2.3.2. Die Mächtigkeiten und Qualitäten des Rohstoffs wurden mit ausreichender Zuverlässigkeit ermittelt, die den Abbau und die Technologie der Verarbeitung beeinflussenden Faktoren in ihren Hauptzügen geklärt.

3.2.3.3. Vorräte dieser Klasse können in Übereinstimmung mit § 8.2 der Klassifikation bei entsprechenden geologischen Verhältnissen im Anschluß an Vorratsblöcke der Klasse A und B extrapoliert werden. Sie liegen in diesem Falle zwischen dem inneren und äußeren Umriß der Lagerstätte.

3.2.3.4. Der äußere Umriß wird nach den Ergebnissen der auf dem inneren Umriß liegenden Bohrungen (Schürfe) durch Profilkonstruktion oder andere Methoden der Extrapolation gezogen. Bei formalen Entscheidungen darf ein halber Erkundungsabstand für Klasse C_1 nicht überschritten werden.

3.2.3.5. Werden an nichtextrapolierte Vorräte der Klasse C_1 bei günstiger geologischer Situation keine Vorräte der Klasse C_2 (s. Pkt. 3.2.4.4.) extrapoliert, kann in den berechneten C_1-Block ein extrapolierter Grenzstreifen einbezogen werden. Seine Breite darf einen halben Erkundungsabstand für Klasse C_1 bei formalen Entscheidungen nicht überschreiten.

3.2.3.6. Liegen Sicherheitspfeiler, natürliche Lagerstättengrenzen, Störungen bekannten Verlaufs usw. in Entfernungen vom inneren Umriß, die geringer als ein Erkundungsabstand von C_1 sind, kann der extrapolierte Grenzstreifen in Abweichung von Pkt. 3.2.3.4. bei entsprechenden geologischen Voraussetzungen bis zu diesen erweitert werden.

3.2.3.7. Fehlende Extrapolation ist in jedem Falle zu begründen.

3.2.4. Klasse C_2 (c_2)

3.2.4.1. Der Berechnungsblock wurde in für Klasse C_2 ausreichenden Abständen (d. h. gem. Tab. 1 oder für die konkreten Verhältnisse als optimal ermittelten) erkundet und der Rohstoff in Einzelpunkten untersucht.

3.2.4.2. Mächtigkeiten und Qualitäten des Rohstoffes sind in den Grundzügen bekannt, die Möglichkeiten des Abbaus und der Verarbeitung rufen keine Zweifel hervor.

3.2.4.3. Schließen die nachgewiesenen Vorräte an untersuchte Lagerstättenteile an, können die Qualitäten und technologischen Eigenschaften des Rohstoffs in Analogie zu diesen angenommen werden. Handelt es sich um Vorräte neuerkundeter Lagerstätten, müssen sie durch Untersuchung einzelner Proben bestimmt werden.

3.2.4.4. Im Anschluß an Vorräte höherer Klassen können Vorräte der Klasse C_2 in Übereinstimmung mit § 8.2 der Klassifikation extrapoliert werden, bei formalen Entscheidungen maximal bis zum halben Erkundungsabstand für C_2.

3.2.4.5. Werden nur Vorräte der Klasse C_2 nachgewiesen, kann bei günstigen geologischen Verhältnissen über den inneren Lagerstättenumriß hinaus ein Grenzstreifen in die gleiche Klasse einbezogen werden. Bei formalen Entscheidungen darf ein halber Erkundungsabstand für C_2 nicht überschritten werden.

3.2.4.6. Liegen Sicherheitspfeiler, natürliche Lagerstättengrenzen, Störungen bekannten Verlaufs usw. in Entfernungen vom inneren Umriß, die geringer als ein Erkundungsabstand von C_2 sind, kann bei entsprechenden geologischen Voraussetzungen der extrapolierte Grenzstreifen in Abweichung von Pkt. 3.2.4.4. und 3.2.4.5. bis zu diesen erweitert werden.

3.2.4.7. Fehlende Extrapolation ist in jedem Falle zu begründen.

4. Allgemeine Berechnungs- und Bilanzierungsgrundsätze

4.1. Rohstoffsorten und andere Rohstoffe

4.1.1. Ergeben sich aus den Qualitätsunterschieden des Rohstoffes verschiedene Verwendungszwecke, sind die Vorräte für die einzelnen Rohstoffsorten getrennt zu berechnen und zu bilanzieren. Ist eine getrennte Vorratsberechnung nicht möglich, sind die Anteile der Rohstoffsorten zur Orientierung in geschätzten Prozenten anzugeben.

4.1.2. Sind am Aufbau einer Lagerstätte unterschiedliche Gesteine beteiligt, so sind auch dann, wenn gleiche technologische Eigenschaften erwartet werden, zunächst getrennte technologische Eignungsprüfungen durchzuführen. Erst bei Nachweis eines geringen Streubereichs der Prüfdaten können solche Partien mit dem Hauptrohstoff gemeinsam berechnet werden.

4.1.3. Werden bei der Erkundung neben dem gesuchten Rohstoff, der Ziel der Untersuchungen ist, andere wertvolle nutzbare Rohstoffe angetroffen, sind diese zu untersuchen und deren Vorratsberechnungen der ZVK einzureichen.

4.1.4. Werden solche Rohstoffe im Deckgebirge (Abraum) festgestellt, ist die Forderung für das A:N-Verhältnis in der Kondition zu überprüfen und nötigenfalls neu festzulegen.

4.2. Sicherheitspfeiler und Vorratsverluste

4.2.1. Vorräte in „ewigen" Sicherheitspfeilern werden gesondert berechnet, von der ZVK jedoch nicht bilanziert.

4.2.2. Vorräte in befristeten Sicherheitspfeilern sind ebenfalls gesondert zu berechnen. Sie werden in der Vorratsberechnung in ihren Klassen getrennt geführt.

4.2.3. Vorräte in abseits gelegenen Restpfeilern oder -feldern, deren Abbau z. Z. ökonomisch nicht vertretbaren Aufwand erfordert, werden trotz bilanzwürdiger Ausbildung als Außerbilanzvorräte berechnet, wenn sie noch als Objekte einer zukünftigen industriellen Nutzung betrachtet werden können.

Ist dies nicht der Fall, werden sie als Vorratsverluste nach den gültigen Vorschriften abgeschrieben.

4.2.4. Verluste werden gemäß § 6.2 der Klassifikation bei der Berechnung nicht berücksichtigt; sie sind jedoch für die Nutzungsperspektive der Lagerstätte einzuschätzen und anzugeben (vgl. Pkt. 4.3.4.).

4.3. Weitere Festlegungen zur Berechnung und Dokumentation

4.3.1. Wiederholte Extrapolation ist unzulässig. Extrapolation nach der Tiefe ist zulässig, wenn einzelne tiefe Bohrungen das Aushalten des Rohstoffkörpers aufzeigen und eine moderne Abbautechnologie dessen Gewinnung gestattet.

4.3.2. Natursteinvorräte werden nach Masseneinheiten berechnet. Bei der Umrechnung von Volumeneinheiten in Masseneinheiten ist die ermittelte Rohstoffdichte (Rohdichte) zugrunde zu legen.

4.3.3. Von den in den Richtlinien der ZVK geforderten Unterlagen sind der Vorratsberechnung beizugeben:
Berechnungsrisse und -karten im Maßstab 1:5000 und größer für die Vorratsklassen A bis C_1, für Vorratsklasse C_2 mindestens i. M. 1:10000 (bei großflächigen Lagerstätten),
charakteristische Schnitte mit Kennzeichnung des Rohmaterials, der bemusterten Bohrstrecken, der Wasserstände, der Lagerstättengrenzen usw.,
Analysenberichte, Prüfzeugnisse und Abschrift bestätigter Konditionen,
Berechnungstabellen der Durchschnittsparameter, Schichtenverzeichnisse bzw. Bohrtabellen oder Säulenprofile mit Darstellung des Kerngewinns.
Die Vorratsrisse haben, möglichst auf einem Riß, auszuweisen:
Mächtigkeiten des Abraums, des Rohstoffs und nichtverwertbarer Zwischenmittel für jeden Erkundungsaufschluß,
Markierung der bemusterten Bohrungen (Schürfe), Spuren der Schnitte, Lagerstättengrenzen, Vorratsklassen.

4.3.4. Nach den Richtlinien der ZVK über Form und Inhalt von Vorratsberechnungen ist den Vorratsberechnungen eine industrielle Einschätzung der erkundeten Vorräte beizugeben.
Bei neuerkundeten Lagerstätten gehören dazu vor allem folgende Angaben: vorgesehene oder optimale Jahresförderung und Lebensdauer des Werkes, orientierungsmäßiger Umfang der vorgesehenen Direkt- und Nachfolgeinvestitionen, erwartete Amortisationszeit, zu erwartende Selbstkosten je Förder- oder Produktionseinheit, ihr Vergleich mit analogen Betrieben oder dem Durchschnitt des betreffenden Industriezweiges, geschätzte Abbauverluste, erschwerende (die Produktion verteuernde) Umstände.
Bei bereits in Abbau stehenden Lagerstätten sind vor allem anzugeben: Jahresförderung, Abbauverluste, Lebensdauer bei Beachtung der Perspektivpläne, Selbstkosten, Vergleich mit analogen Betrieben und dem Durchschnitt des Industriezweiges.
Diese Kennziffern sind nötigenfalls beim Produktionsbetrieb, Projektierungsbüro (VEB Projektierung Steine und Erden, Halle) oder bei der VVB einzuholen.

5. Die volkswirtschaftliche Bedeutung der Vorräte

5.1. Die im Abschnitt V der Vorratsklassifikation fester mineralischer Rohstoffe formulierte volkswirtschaftliche Bedeutung der einzelnen Vorratsklassen und ihrer Gesamtheit wird für die Lagerstätten der Natursteine durch spezielle Instruktionen und Weisungen der Staatlichen Plankommission geregelt.

5.2. Für Entscheidungen, die durch solche Weisungen nicht berührt werden, sind die entsprechenden Festlegungen der Vorratsklassifikation maßgebend.

ZENTRALE VORRATSKOMMISSION FÜR MINERALISCHE ROHSTOFFE DER DDR

Der Vorsitzende

Stammberger

6. Anhang

6.1. Tabelle 1. Richtwerte für die Abstände von Bohrungen bei der Erkundung von Naturstein-Lagerstätten

Lagerstättentyp	Abstände in m für Vorräte der Klassen A	B	C_1	C_2
I	100	200	400	600
II	50	100	200	300
III	–	25	50	100

Bei Lagerstätten mit komplizierten Abraumverhältnissen ist die Abraumerkundung mit verringertem Abstand durchzuführen.

6.2. Tabelle 2. Übersicht der Untersuchungen und Prüfungen von Natursteinen

	Schotter und Splitt für Straßenbau	Schotter und Splitt für Beton	Schotter und Splitt für Schüttpacke Gleisbettung	Pflastersteine	Platten, Stufen u. a. Werksteine	Monumentalbau, Brückenbau u. Wasserbau	Dekorationssteine
1. Petrogr. Beschaffenheit	× ×	× ×	× ×	× ×	× ×	× ×	× ×
2. Rohstoffdichte	× ×	× ×	× ×	× ×	× ×	× ×	× ×
3. Wasseraufnahme	× ×	× ×	× ×	× ×	× ×	× ×	(× ×)
4. Frostbeständigkeit (u. Kristallisationsversuch)	×	×	×	×	×	×	(×)
5. Druckfestigkeit (an Würfeln)	×	× ×	× ×	× ×	× ×	× ×	–
6. Kantenabnutzbarkeit	× ×	× ×	× ×	× ×	× ×	–	–
7. Beobachtungen an Bauwerken	×	×	–	×	×	×	× ×
8. Widerstandsfähigkeit v. Schotter und Splitt gegen Schlag und Druck	× ×	× ×	× ×	–	–	–	–
9. Kornform	× ×	× ×	× ×	–	–	–	–
10. Schüttdichte	×	×	×	–	–	–	–
11. Bitumenhaftfähigkeit	× ×	–	–	–	–	–	–
12. Bestimmung schädlicher (sulfidischer, sulfatischer u. a.) Beimengungen	× ×	× ×	× ×	–	–	× ×	× ×
13. Schlagfestigkeit (an Würfeln)	–	–	–	× ×	–	–	–
14. Biegezugfestigkeit	–	–	–	–	×-× ×	×-× ×	–
15. Spezialprüfungen (Spaltbarkeit, Schneide-, Schleif- u. Polierfähigkeit u. a.)	–	–	–	× ×	× ×	× ×	× ×

× × = Grundprüfungen erforderlich, mindestens an einer Auswahl typischer Proben
× = empfehlenswerte Ergänzungsprüfungen
( ) = evtl. erforderlich

6.2 Erläuterungen zu Tabelle 2

6.2.1. Allgemeine Prüfungen für Natursteine

6.2.1.1. Petrographische Beschaffenheit
Die makroskopischen und mikroskopischen Untersuchungen des Mineralbestandes und der Struktur lassen allein oder in Verbindung mit chemischen, physikalischen oder technologischen Prüfergebnissen wertvolle Rückschlüsse auf die Verwendungsmöglichkeit des Gesteins und seine Wetterbeständigkeit zu. Zur petrographischen Untersuchung gehört auch die Untersuchung von Basalten auf Sonnenbrand.

6.2.1.2. Rohstoffdichte (Rohdichte TGL 11363, Bl. 1)
Die ermittelten Werte sind zur Berechnung der Homogenität des Rohstoffs und für die Berechnung der Masse notwendig.

6.2.1.3. Wasseraufnahme (DAMW-Norm 25—217)
Die Prüfergebnisse lassen unmittelbare Schlußfolgerungen auf die Frostbeständigkeit zu und sind deshalb besonders wichtig. Ist die Wasseraufnahme eines Gesteins geringer als 0,5 Masse-%, kann die Frostbeständigkeitsprüfung entfallen.

6.2.1.4. Frostbeständigkeit (TGL 11363, Bl. 2) und Kristallisationsversuch
Die Ergebnisse sind aussagekräftig für die Wetterbeständigkeit eines Gesteins. Der Kristallisationsversuch ist ein Teil der Prüfung auf Wetterbeständigkeit und wird als Ergänzung zur Frostbeständigkeit vor oder nach dieser durchgeführt. Seine Bedeutung ist noch umstritten.
Wasseraufnahme und, soweit erforderlich, Frostbeständigkeit sind für alle Gesteine zu ermitteln, die im Hoch- und Tiefbau, Straßenbau und Wasserbau eingesetzt werden sollen. Bei Dekorationssteinen und Schmucksteinen sowie Bildhauermaterial für Innenarchitektur, die keiner starken Durchnässung und anschließenden Frosteinwirkung ausgesetzt sind, werden diese Prüfungen bedeutungslos.

6.2.1.5. Druckfestigkeit an Würfeln (TGL 11363, Bl. 3)
Die Druckfestigkeit wird im trockenen Zustand, im wassergesättigten Zustand und nach Frost-Tau-Wechsel geprüft.

6.2.1.6. Kantenabnutzbarkeit
Diese aussagekräftige Prüfung wird seit Jahren in vielen Ländern vorgenommen. In Zukunft wird diese Prüfung auch für die DDR verbindlich. (Das Institut für Stadtbauwesen und Straßenbau der TU Dresden schlägt Prüfung nach der Los-Angeles-Methode vor.)

6.2.1.7. Beobachtungen an Bauwerken
Mit den Beobachtungen an Bauwerken wird das Ziel verfolgt, die für einen Baustoff generell ermittelte Wetterbeständigkeit unter dem Einfluß eines Kleinklimas festzustellen. Der beobachtete Einfluß von Rauchgasen, insbesondere in Großstädten (z. B. Schäden an Sandsteinen), von Mörtel, Metallen und anderen Bauteilen, eingetretene Schäden durch einwirkende Salze, die mit der Bodenfeuchtigkeit aufsteigen, Sonnenbrenner im Basalt u. a. können zu wertvollen Erkenntnissen führen. Derartigen Einflüssen gegenüber haben sich nach den Erfahrungen von Jahrzehnten die einzelnen Natursteine teilweise sehr unterschiedlich verhalten (z. B. Sandsteine mit unterschiedlichen Bindemitteln).

6.2.2. An Gesteinen, die zu Schotter und Splitt verarbeitet werden sollen, sind außer den vorgenannten Prüfungen noch folgende Untersuchungen vorzunehmen:

6.2.2.1. Widerstandsfähigkeit von Schotter gegen Schlag und Druck
Diese Prüfung ist eine der wichtigsten bei der Bewertung und Auswahl der Gesteine zur Erzeugung von Brechprodukten. Die TGL ist z. Z. noch in Bearbeitung.

6.2.2.2. Kornform (TGL 9928)
Die Beschaffenheit der Kornform ist für die gesamte Betonindustrie wie auch für den Straßenbau von großer Bedeutung. Handgeschlagenes Probegut und maschinell hergestelltes weisen für die Prüfung meist nicht entscheidende Unterschiede in der Kornform auf. Sie ist nur bis zu einem gewissen Grade vom Mineralbestand und der Struktur des Gesteins abhängig. In neuzuerschließenden Lagerstätten ist ein Großversuch zu empfehlen.

6.2.2.3. Schüttdichte (TGL 11366)
Diese Feststellungen sind für die inner- und außerbetrieblichen Transportberechnungen erwünscht.

6.2.2.4. Bitumenhaftfähigkeit (TGL 2840—56)
Diese Prüfung gilt nur für Brechprodukte, die im Straßenbau für den Einbau in Schwarzdecken vorgesehen sind. Mit der Prüfung soll lediglich festgestellt werden, welche Hafteigenschaften das Gestein bei den verschiedenen Bindemitteln hat, da mit haftverbessernden Zusätzen gearbeitet werden kann.

6.2.2.5. Bestimmung schädlicher Beimengungen
Die Prüfung der Brechprodukte auf Verunreinigungen durch sulfidische, sulfatische u. a. Beimengungen ist, soweit sie nicht durch andere Prüfungen, z. B. n. Pkt. 6.2.1.1., ersetzt wird, wichtig. Sie kann auch für andere Natursteinerzeugnisse (vgl. Tabelle 2) erforderlich oder empfehlenswert sein.

6.2.3. Bei der Prüfung von Natursteinen auf ihre Eignung als Werkstein, Mauerstein, Pflasterstein oder Dekorationsstein sind außer den unter 6.2.1. genannten Untersuchungen noch folgende notwendig oder empfehlenswert:

6.2.3.1. Schlagfestigkeit an Würfeln
Die Ermittlung der Schlagfestigkeit hat bei der Auswahl von Naturstein als Pflastermaterial Bedeutung.

6.2.3.2. Biegezugfestigkeit (TGL 11363, Bl. 4)
Sie muß durchgeführt werden, wenn aus dem Gestein Werkstücke mit bestimmter Tragfähigkeit gefertigt werden sollen.

6.2.3.3. Sonstige Prüfungen
Zur Emittlung der Bearbeitbarkeit von Werk- und Dekorations- sowie Bildhauersteinen bestehen keine genormten Anweisungen. Die Spaltbarkeit, Schneidefähigkeit, Polierbarkeit oder die für Bildhauerarbeiten bestimmenden Eigenschaften sind im Bedarfsfall in entsprechenden Betriebsteilen der zuständigen Industrie prüfen zu lassen, unter Umständen auch die Wärmeleitfähigkeit und Wasserdampfdiffusion bei Mauersteinen und Dekorationsplatten.
Zur Gewinnung geeigneter Rohblöcke müssen dort, wo Lagerstätten nur mit Schürfen oder Bohrungen untersucht wurden, geeignete Aufschlüsse geschaffen werden.

6.3. Institute für die Untersuchung von Natursteinen

Für die Untersuchung der bei den Erkundungsarbeiten anfallenden Proben und für Kontrollzwecke sind vorgesehen:

a) das Institut für Grobkeramik und Natursteine Großräschen, Großräschen (NL), Ernst-Thälmann-Str. 32a
b) Deutsches Amt für Material- und Warenprüfung, Prüfdienststelle 371 Dresden, Dresden A 27, Georg-Schumann-Str. 7

Weitere Institute, in denen Teilprüfungen vorgenommen werden können:

a) Technische Universität Dresden, Institut für Stadtbauwesen und Straßenbau, Laboratorium Copitz, Copitz b. Pirna, Pratzschwitzer Str. 15
b) Deutsche Bauakademie, Institut für Baustoffe, Weimar, Belvederer Allee 17
c) Hochschule für Bauwesen, Institut für Grundbau und Baugrundmechanik, Leipzig S 3, Richard-Lehmann-Str. 52
d) DAMW-Prüfdienststelle 373 Leipzig, Leipzig W 31, Nonnenstr. 44
e) DAMW-Prüfdienststelle 472 Magdeburg, Magdeburg, Große Steinerne-Tisch-Str. 4

Zeitschrift für angewandte Geologie, Bd. 10 (1964) Heft 4

f) DAMW-Prüfdienststelle 571 Weimar, Weimar, Geschwister-Scholl-Str. 7
g) DAMW-Prüfdienststelle 671 Berlin, Berlin 0 17, Mühlenstr. 17.
h) DAMW-Prüfdienststelle 171 Wismar, Wismar, Karl-Marx-Str. 25

6.4. Richtlinien u. a.

1. Klassifikation der Lagerstättenvorräte fester mineralischer Rohstoffe der DDR vom 31. 1. 1962. – Z. angew. Geol., H. 9 (1962).
2. Vorläufige Arbeitsanweisung der Staatl. Geol. Kommission zur Kernentnahme und Kernbehandlung bei geol. Erkundungsarbeiten. – Z. angew. Geol., H. 11/12 (1956).
3. Vorläufige Richtlinien für die organisatorische Durchführung und die Kontrolle chemisch-analyt. Arbeiten. – Z. angew. Geol., H. 3 (1959).
4. Richtlinien der ZVK über Form und Inhalt von Vorratsberechnungen. – Z. angew. Geol., H. 9 (1961).

Berücksichtigung des Abraums und des Erzführungskoeffizienten bei der Festlegung von Konditionen für mineralische Rohstoffe[1]

A. P. PROKOFJEW, Moskau

Eine der Voraussetzungen für die richtige ökonomische Bewertung einer Lagerstätte mineralischer Rohstoffe sind technisch-ökonomische Konditionen. In der sozialistischen Planwirtschaft kommt diesen eine große praktische Bedeutung zu. Gegenwärtig sind Vorratsberechnungen ohne Konditionen undenkbar.

Unter Konditionen versteht man die Bedingungen, unter denen auf einer bestimmten Lagerstätte der mineralische Rohstoff gegenwärtig von der Industrie genutzt werden kann. Für die Festlegung der Konditionen ist das Verhältnis des industriellen Minimalgehalts an nutzbarer Komponente im Erz zum Umfang des Abraums und zum Erzführungskoeffizienten wichtig. Beim Abbau von Lagerstätten im Tagebau entfällt auf die Abraumarbeiten ein hoher Anteil der Gesamtförderkosten. Um deren Einfluß auf die Größe des industriellen Minimalgehalts an nutzbarer Komponente richtig einzuschätzen, ist es zweckmäßig, diese Kosten bei der Berechnung der Konditionen gesondert auszuweisen. Dabei bedient man sich gewöhnlich folgender Formel:

$$C = \frac{A \cdot 100}{Q \cdot up} \qquad (1)$$

Hierbei sind

C — industrieller Minimalgehalt an nutzbarer Komponente im Erz, %;
A — Gesamtsumme der Förder- und Verarbeitungskosten von 1 t Erz, Rbl.;
Q — Kosten für 1 t aus dem Erz gewonnener nutzbarer Komponente, Rbl.;
u — Ausbringungskoeffizient der nutzbaren Erzkomponente;
p — Koeffizient, der die Verdünnung berücksichtigt, d. h. das Verhältnis des Gehalts an Nutzkomponente im geförderten Erz zu seinem Gehalt in der Lagerstätte.

Bei Ausklammerung der Kosten für Abraumarbeiten läßt sich diese allgemeine Formel wie folgt erweitern:

$$C = \frac{A_1 \cdot 100}{Q \cdot up} + \frac{a \cdot 100 \cdot K_B}{Q \cdot up} = C_1 + \frac{a \cdot 100 \cdot K_B}{Q \cdot up}. \qquad (2)$$

Hierbei sind

A_1 — Summe der Förder- und Verarbeitungskosten für 1 t Erz, ohne Berücksichtigung der Kosten für die Abraumarbeiten, Rbl.;
a — Kosten für 1 m³ Abraumarbeiten, Rbl.;
K_B — Abraumkoeffizient (Anzahl der Kubikmeter Abraumarbeiten pro 1 t Erz);
C_1 — industrieller Minimalgehalt an nutzbarer Komponente im Erz bei fehlenden Abraumarbeiten ($K_B = 0$), %.

Die übrigen Bezeichnungen entsprechen denen der Formel (1). Gegenwärtig wird in den Konditionen häufig das bei den Berechnungen übliche Verhältnis von Abraum zum Erz angegeben, z. B. 2 : 1 oder 5 : 1. Dieser Kennwert stellt Fachleute, die eine Abgrenzung der industriell gewinnbaren Erze vornehmen und ihre Vorräte berechnen, nicht immer zufrieden. Beispielsweise wurde der industrielle Minimalgehalt an Gold im Erz bei einem Abraumkoeffizienten von 3 : 1 auf 5 g/t festgelegt. Tatsächlich stellt sich aber bei der Vorratsberechnung heraus, daß es Abschnitte mit einem höheren Goldgehalt, z. B. 8—10 g/t, jedoch mit umfangreicheren Abraumarbeiten, z. B. 4 : 1, gibt oder auch Abschnitte mit einem Goldgehalt von nur 4 bis 4,5 g/t, die dafür aber unmittelbar zutage austreten. Wohl kaum dürften derartige Abschnitte bzw. Berechnungsblöcke als Außerbilanzvorräte betrachtet werden, die nicht den Anforderungen der Industrie entsprechen. Die zusätzlichen Kosten für Abraumarbeiten können sich durch den Reichtum des Erzes durchaus bezahlt machen und zusätzliches Metall erbringen, während unmittelbar zutage austretende Erze auch bei niedrigeren Gehalten an nutzbarer Komponente im Vergleich zu verdeckt lagernden Erzen mit Erfolg abgebaut werden können. Durch die Ausklammerung der Kosten für Abraumarbeiten bei der Berechnung von Konditionen ist es möglich, das Verhältnis des industriellen Minimalgehalts an nutzbarer Komponente im Erz zum Abraumumfang zu ermitteln und die Konditionen elastischer zu gestalten.

Angenommen, auf einer Nickellagerstätte betragen die Kosten im Tagebau für 1 t Erz (Rbl.):

Förderung	0,9
Abraum (bei einem Verhältnis von 4 : 1 und einem Kostenaufwand von 0,6 Rbl. je 1 m³ Abraum	2,4
Aufbereitung	2,2
Metallurgische Verarbeitung	3,3
Allgemeine Kosten	0,7
insgesamt	9,5

Bei einem Kostenaufwand von 2500 Rbl. je Tonne Metall, einem Verdünnungskoeffizienten von p = 0,9 und einem Gesamtausbringen an Metall von 78% nach Aufbereitung und metallurgischer Verarbeitung, muß der industrielle Minimalgehalt an Metall im Erz

$$C = \frac{9{,}5 \cdot 100}{2500 \cdot 0{,}78 \cdot 0{,}9} = 0{,}54\%$$

betragen.

In dem so ermittelten industriellen Minimalgehalt (0,54%) sind jedoch die Abraumkosten mit einbegriffen. Anschaulicher und einfacher ist es, ihn getrennt zu errechnen, zuerst ohne Abraum. In unserem Beispiel beträgt er:

[1] Aus: „Raswedka i ochrana nedr", 1963, H. 4, S. 10–15. Übers.: E. GÜRGENS. Die Redaktion stimmt nicht in allen Punkten den Ausführungen des Autors zu, stellt aber diesen Artikel hiermit zur Diskussion.

$$C_1 = \frac{7{,}1 \cdot 100}{2500 \cdot 0{,}78 \cdot 0{,}9} = 0{,}40\%.$$

Danach wird zusätzlich das Verhältnis der Kosten je Tonne Abraum (a) zu den Kosten der nutzbaren Komponente (Q) errechnet, um den erforderlichen Zusatzwert für den Gehalt an nutzbarer Komponente im Erz zu ermitteln, der die Kosten für diese Abraumarbeiten decken muß:

$$\frac{a \cdot 100}{Q \cdot p} = \frac{0{,}6 \cdot 100}{2500 \cdot 0{,}78 \cdot 0{,}9} = 0{,}034\%.$$

Bei einem Abraumverhältnis von 4:1 entspricht

$$C = 0{,}40 + 0{,}034 \cdot 4 = 0{,}54\%,$$

d. h. dem gleichen Wert, der bei der direkten Bestimmung ermittelt wurde. Das vorgeschlagene Verfahren ermöglicht die Errechnung der Größe C bei einem beliebigen Abraumverhältnis. Es ist selbstverständlich, daß der industrielle Minimalgehalt an nutzbarer Komponente im Erz entsprechend dem Abraumverhältnis variieren muß. Für die im Beispiel zugrunde gelegten Werte ergibt sich dadurch folgende Abhängigkeit:

K_B	C, %
0 : 1	0,40
1 : 1	0,43
2 : 1	0,47
3 : 1	0,50
4 : 1	0,54
5 : 1	0,57
6 : 1	0,60

Die vorgeschlagene Formel (2) ist mathematisch gesehen eine lineare Funktion; deshalb kann für praktische Zwecke anhand von zwei errechneten Punkten (den Werten C) eine graphische Darstellung konstruiert werden, die sich leicht bei der Vorratsberechnung anwenden läßt. Für das Beispiel ist eine entsprechende Darstellung des Verhältnisses von C zu K_B in Abb. 1 wiedergegeben.

Das direkte Abhängigkeitsverhältnis von C zu den Abraumarbeiten ist nur unter der Voraussetzung zu beobachten, wenn die in den technisch-ökonomischen Berechnungen vorgesehene Ausrüstung und das Abbausystem auf der Lagerstätte beibehalten werden. Wird die Ausrüstung gewechselt bzw. das Abbausystem geändert, können die Produktivität der Abraumarbeiten und demzufolge auch ihre Kosten stark variieren. In der graphischen Darstellung zeigt sich dies durch sprunghaften Anstieg und Abfall der Geraden. Bei großer Unbeständigkeit des Deckgebirges ist ein Auswechseln der Ausrüstung durchaus möglich, da z. B. ein geringmächtiges Deckgebirge nicht von hochproduktiven Baggern abgebaut werden kann, die zweckentsprechend bei sehr mächtigem Deckgebirge eingesetzt werden. Deshalb kann eine formale, mechanische Anwendung und Auswertung des graphischen Verfahrens zu Fehlschlüssen führen.

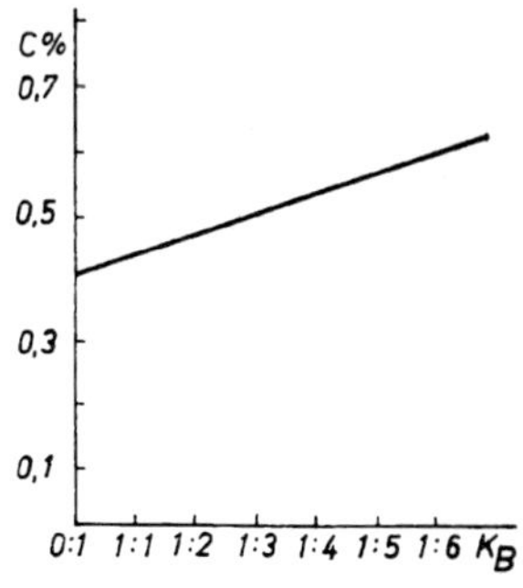

Abb. 1. Die Abhängigkeit des industriellen Minimalgehalts an nutzbarer Komponente im Erz C vom Abraum K_B

Bei der Ermittlung des industriellen Minimalgehalts an nutzbarer Komponente im Erz kann ein analoges Verfahren auch für die Berechnung des Erzführungskoeffizienten K_p und zur Bestimmung von C, abhängig von der Größe K_p, angewandt werden. In diesem Fall würde die Formel folgendermaßen lauten:

$$C = C_1 + \frac{a_1 \cdot (1 - K_p) \cdot 100}{Q \cdot up \cdot K_p}. \tag{3}$$

Hierbei sind

C_1 — der industrielle Minimalgehalt an nutzbarer Komponente im Erz bei $K_p = 1$;
a_1 — die Abbaukosten für 1 t Gesteinsmasse, Rbl.

Die übrigen Bezeichnungen sind die gleichen geblieben.

Soll der Erzführungskoeffizient angewandt werden, ist es erforderlich, sich auf Grund der Untersuchung der Erzverteilung innerhalb der Abgrenzungen erzführender Zonen davon zu überzeugen, ob die erzfreien Abschnitte selektiv abgebaut bzw. als Sicherheitspfeiler stehengelassen werden können (in letzterem Fall sind unter dem Parameter a_1 die Kosten für Bohrungen und bergmännische Arbeiten zu verstehen, die zum Nachweis und zur Abgrenzung dieser erzfreien Sicherheitspfeiler führen). Sind diese Voraussetzungen nicht gegeben, so ist die Anwendung des Erzführungskoeffizienten bei der Vorratsberechnung unzulässig.

Bei der Bestimmung des industriellen Minimalgehalts an nutzbarer Komponente im Erz, unter Berücksichtigung des Erzführungskoeffizienten, sollen zur Abkürzung des Rechenverfahrens die wichtigsten Kennziffern des vorangegangenen Beispiels mit einigen bedingten Abänderungen zugrunde gelegt werden. Bei einer durchgehenden Vererzung, wo $K_p = 1$ ist und das gesamte Erz an die Hütte geliefert wird, ist $C = C_1 = 0{,}40\%$. Die Abbaukosten für das taube Gestein entsprechen den Förderkosten für Erz, nämlich 0,9 Rbl. $= a_1$. Wenn $K_p = 0{,}1$ ist, dann beträgt in unserem Beispiel:

$$C = 0{,}40 + \frac{0{,}9 \cdot 100 \cdot (1 - 0{,}1)}{2500 \cdot 0{,}78 \cdot 0{,}9 \cdot 0{,}1} = 0{,}86\%.$$

Bei den gleichen Ausgangswerten, nur mit $K_p = 0{,}3$ beträgt:

$$C = 0{,}40 + \frac{0{,}9 \cdot 100 \cdot (1 - 0{,}3)}{2500 \cdot 0{,}78 \cdot 0{,}9 \cdot 0{,}3} = 0{,}52\% \text{ usw.}$$

Diese Reihe läßt sich wie folgt ergänzen:

K_p	C, %
0,1	0,86
0,2	0,60
0,3	0,52
0,4	0,48
0,5	0,45
0,6	0,43
0,7	0,42
0,8	0,41
0,9	0,406
1,0	0,40

Unter Zugrundelegung dieser Werte kann eine Kurve konstruiert werden (Abb. 2). Analoge Kurven lassen sich für jeden konkreten Fall zeichnen, was die Rechenoperationen bei der Vorratsberechnung und der Abgrenzung der industriellen Erze wesentlich erleichtert. Die Kurve zeigt deutlich, daß in dem Maße, wie sich der Erzführungskoeffizient verringert, sein Einfluß auf die Höhe des industriellen Minimalgehalts an nutzbarer Komponente im Erz (besonders bei $K_p \leqq 0{,}3$) stark zunimmt. Deshalb müssen bei der Bestimmung des industriellen Minimalgehalts für Lagerstätten bzw. für einzelne Abschnitte, die sich durch einen niedrigen Erzführungskoeffizienten auszeichnen, die Berechnungsgrundlagen sorgfältig überprüft und die in die Berechnungen eingegangenen Werte begründet werden.

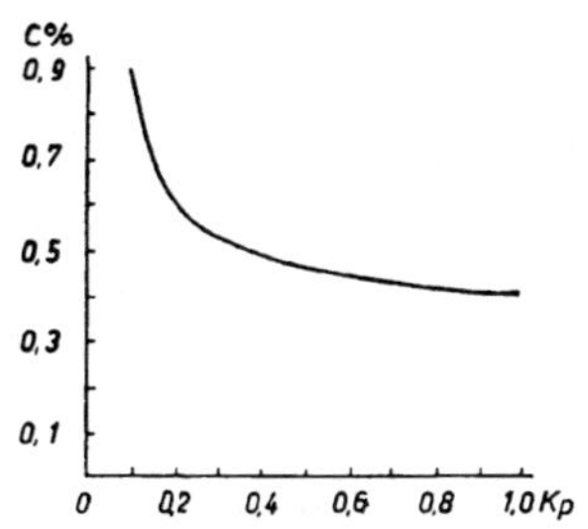

Abb. 2. Die Abhängigkeit des industriellen Minimalgehalts an nutzbarer Komponente im Erz C vom Erzführungskoeffizienten K_p

Ähnlich wie bei der Berücksichtigung des Abraumkoeffizienten können bei Abschnitten mit stark variierenden Erzführungskoeffizienten unterschiedliche Ausrüstungen zum Einsatz gelangen, was eine Veränderung der Abbaukosten für die erzfreien Abschnitte mit sich bringt. Dies muß bei den Berechnungen und bei der Konstruktion der Kurve berücksichtigt werden, die in solchen Fällen etwas komplizierter wird.

Zuweilen muß bei der Festlegung der Konditionen sowohl den Abraumarbeiten als auch dem Erzführungskoeffizienten Rechnung getragen werden. In diesem Fall werden die Rechenoperationen etwas schwieriger, da eine kompliziertere Formel angewandt werden muß:

$$C = C_1 + \frac{a_1 \cdot 100 \cdot (1 - K_p)}{Q \cdot up \cdot K_p} + \frac{a \cdot 100 \cdot K_B}{Q \cdot up} \tag{4}$$

unter Beibehaltung der gleichen Parameterwerte. Zuerst sind die Werte C bei $K_B = 0$ zu errechnen, jedoch mit verschiedenen K_p-Werten, da der Erzführungskoeffizient einen wesentlicheren Einfluß auf die Größe C ausübt. Für unser Beispiel gelten obengenannte Daten. Für die Einschätzung der Abraumarbeiten muß der erhaltene Wert C vergrößert werden, damit sich die Kosten für diese Arbeiten lohnen. Die Erhöhung von C erfolgt linear und ist für unser Beispiel erwiesen.

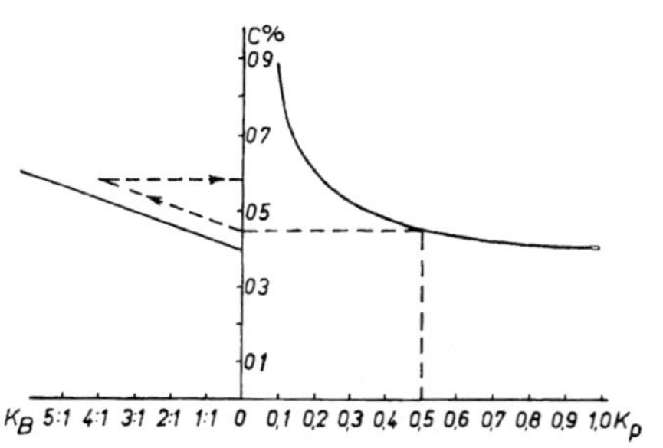

Abb. 3. Vereinte Kurven der Abhängigkeit des industriellen Minimalgehalts an nutzbarer Komponente im Erz C vom Erzführungskoeffizienten K_p und vom Umfang der Abraumarbeiten K_B

Die gestrichelte Linie zeigt den Lösungsweg des Beispiels an.

Die Berücksichtigung des Einflusses von K_p und K_B auf die Größe C kann mit Hilfe der ermittelten Werte tabellarisch dargestellt werden.

Tabelle

Abraum-koeffizient	Erzführungskoeffizient, K_p									
	0,1	0,2	0,3	0,4	0,5	0,6	0,7	0,8	0,9	1,0
0 : 1	0,86	0,60	0,52	0,48	0,45	0,43	0,42	0,41	0,41	0,40
1 : 1	0,89	0,63	0,55	0,51	0,48	0,46	0,45	0,44	0,44	0,43
2 : 1	0,93	0,67	0,59	0,55	0,52	0,50	0,49	0,48	0,47	0,47
3 : 1	0,96	0,70	0,62	0,58	0,55	0,53	0,52	0,51	0,51	0,50
4 : 1	1,00	0,74	0,66	0,62	0,59	0,57	0,56	0,55	0,54	0,54
5 : 1	1,03	0,77	0,69	0,65	0,62	0,60	0,59	0,58	0,58	0,57

Wesentlich einfacher kann der Endwert C mit Hilfe vereinter Kurven gefunden werden (Abb. 3). So soll z. B. für gegebene Verhältnisse C bei $K_p = 0{,}5$ und $K_B = 4:1$ ermittelt werden. Zuerst finden wir C bei $K_p = 0{,}5$ und $K_B = 0$ auf der rechten Kurve, was einer Ordinate von 0,45% entspricht. Parallel zu der nach links oben verlaufenden Geraden bis zum Schnittpunkt der Vertikalen, die $K_B = 4:1$ entspricht, kehren wir horizontal zur Ausgangsordinate zurück, die das Endergebnis für C = 0,59% anzeigt, was mit den Tabellenwerten und den direkten Berechnungen übereinstimmt.

In einigen Fällen wird die Erhöhung des industriellen Minimalgehalts an nutzbarer Komponente durch die Berücksichtigung des Abraum- und des Erzführungskoeffizienten Einfluß auf die Größe des Ausbringungskoeffizienten der betreffenden Komponente nehmen, was eine Überprüfung des Wertes C_1 erfordert. Für derartige Fälle kann eine etwas abgewandelte Formel zur Bestimmung des industriellen Minimalgehalts empfohlen werden, bei welcher der Ausbringungskoeffizient der nutzbaren Komponente nach Berücksichtigung des Abraum- und des Erzführungskoeffizienten berechnet wird:

$$C = / \, C_2 + \frac{a_1 \cdot (1 - K_p) \cdot 100}{Q \cdot K_p \cdot p} + \frac{a \cdot K_B \cdot 100}{Q \cdot p} \, / : u. \tag{5}$$

Hierbei ist

C_2 — der industrielle Minimalgehalt an nutzbarer Komponente im Erz, ohne Berücksichtigung des Ausbringungskoeffizienten dieser Komponente.

Die Ausklammerung der Kosten für Abraumarbeiten und der zusätzlichen Kosten, die durch den selektiven Abbau erzfreier Abschnitte bei der Festlegung der Konditionen entstehen, vereinfacht wesentlich die Rechenoperationen, dient dazu, das richtige Verhältnis zwischen dem industriellen Minimalgehalt an nutzbarer Komponente im Erz und den erwähnten Kosten zu ermitteln und wird zu einer genaueren und vollständigeren Erfassung der industriellen Erze bei der Vorratsberechnung beitragen.

Zeitschrift für angewandte Geologie, Bd. 10 (1964) Heft 4

Die erdmagnetische Vermessung des westlichen und mittleren Teils der südlichen Ostsee[1]

(Vorläufige Mitteilung aus dem VEB Geophysik, Leipzig)

MARTIN LEHMANN, Leipzig

1. Vorbemerkungen

Durch die „Geophysikalische Reichsaufnahme" in den dreißiger Jahren waren im Gebiet der Ostseeküste mehrere magnetische Störungen (ΔZ) bekannt geworden. Im westlichen Teil sind dies die Anomalien von Dambeck—Klütz und Warnemünde, im Osten die Usedomer Anomalie (SCHUH 1928, v. BUBNOFF 1937/1938, KUTSCHER 1942). Als maximale Störwerte wurden bei Warnemünde 120 γ, in den beiden anderen Anomalien etwa 250 γ, bezogen auf Niemegk = 0 γ, gemessen. Eine weitere Anomalie mit Höchstwerten um 250 γ hatte sich im zentralen Teil der Insel Rügen ergeben. Außerdem war ein erneutes Ansteigen der Störwerte auf 250 γ am Nordkap der Insel zu erkennen (BOCK, BURMEISTER & ERRULAT 1935, THIERFELDER 1963).

Im Gebiet der östlichen und nördlichen Ostsee erfolgten bereits in den Jahren 1924—1929 magnetische Beobachtungen durch A. v. GERNET (1930), im schwedischen Teil der Ostsee durch LJUNGDAHL (1935, 1940).

Aus dem Ostseegebiet, das der deutschen Küste vorgelagert ist, sind die Deklinationsbestimmungen der früheren deutschen Marine (ERRULAT 1948) und die Messungen der Horizontalintensität in einer Tauchkugel, die im Auftrage der „Deutschen Seewarte" durchgeführt wurden (ERRULAT 1949), zu erwähnen.

Nach dem zweiten Weltkrieg begann im Jahre 1952 die systematische Vermessung der Ostsee durch den Seehydrographischen Dienst der DDR. Auch diese neueren Messungen beschränkten sich auf die Bestimmung der Horizontalintensität und der Deklination an einzelnen Stationen, deren Abstand 4—5 Seemeilen betrug (ZIMMERMANN 1956).

Erschwert wurden alle diese älteren Untersuchungen durch die Wirkung der Eisenmassen des Schiffes auf das Meßgerät; außerdem war die Beobachtung mit den benutzten Geräten (Peilkompaß bzw. Doppelkompaß nach BILDLINGMAIER) sehr zeitraubend. Nachdem nunmehr in dem Protonenmagnetometer nach PACKARD und VARIAN ein Gerät zur Verfügung steht, das es gestattet, magnetische Messungen der Totalintensität auf See in kurzer Zeit in größerem Umfange durchzuführen, sind die technischen Voraussetzungen für eine dichte Vermessung des Ostseeraumes längs Profilen gegeben.

Durch mehrere Bohrungen im Küstengebiet und auf der Insel Rügen konnte in den letzten Jahren die Erdölhöffigkeit dieses Raumes nachgewiesen werden, und die geophysikalische Erkundung der Ostsee bekam damit auch ein wirtschaftliches Interesse. Der VEB Geophysik erhielt deshalb 1962 von der Staatlichen Geologischen Kommission der DDR den Auftrag zur geophysikalischen Vermessung des westlichen und mittleren Teils der südlichen Ostsee. Von Juli bis Ende Oktober 1962 wurde auf insgesamt 3930 Profilkilometern die Totalintensität des magnetischen Erdfeldes gemessen, und im Sommer und Herbst 1963 erfolgten außerdem reflexionsseismische Untersuchungen.

2. Meßtechnische Angaben

Für die Bestimmung der Totalintensität des erdmagnetischen Feldes kam ein im VEB Geophysik entwickeltes Kernpräzessionsmagnetometer mit Meßwertdrucker (KPM 10—D, Abb. 1) zum Einsatz (WEIMERT 1963). Dieses Gerät war bereits in den Jahren 1960 bis 1961 am Boden, bei Fahrten auf der Elbe und im Flugzeug erprobt worden. Es baut auf dem Prinzip von PACKARD und VARIAN auf. Als Probenflüssigkeit dient Isopropylalkohol, der sich in einem Behälter aus PVC befindet. Der minimale Abstand zwischen den einzelnen Messungen beträgt 2,4 sec. Die Sonde war zunächst in einem bombenförmigen Körper untergebracht, der auf einem Schlauchboot im Abstand von 60 m hinter dem Schiff geschleppt wurde. Da sich bei stärkerem Seegang die Benutzung eines Schlauchbootes als unzweckmäßig erwies, wurde im Technisch-Physikalischen Labor des VEB Geophysik ein Schleppkörper aus Vinidur gebaut, in dem die Sonde wasserdicht untergebracht ist (Abb. 2). Eine Entfernung der Sonde vom Schiff von 60 m (doppelte Schiffslänge) war durch Vermessungen als ausreichend ermittelt worden, um die Deviation des Schiffskörpers auszuschalten.

Als Schleppfahrzeug diente das 175-t-Meßschiff „Professor Henking", das 1963 in „Geophysica" umgetauft wurde. Das Schiff ist ein im Jahre 1951 für die „Kleine Hochseefischerei" gebauter 32-m-Forschungskutter, der eine maximale Geschwindigkeit von 10 sm/h erreichen kann. Die seemännische Besatzung bestand bei den Messungen aus einem Kapitän, vier Schiffsoffizieren und sechs weiteren Besatzungsmitgliedern. Dazu kamen ein Geophysiker und ein Beobachter für die magnetischen Messungen.

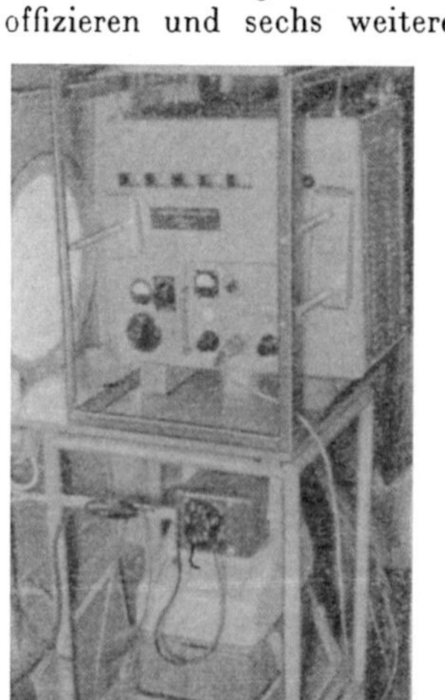

Abb. 1. Kernpräzessionsmagnetometer mit Meßwertdrucker

In einer Meßkabine des Schiffes sind der Steuer- und Zählteil des Magnetometers mit Meßwertdrucker sowie die gesamte Stromversorgung untergebracht. Bei stationären Messungen beträgt der Fehler einer Absolutmessung $\leq 2{,}5\,\gamma$, einer Relativmessung $\leq 1{,}75\,\gamma$. Bei den Messungen auf See treten vor allem Schwierigkeiten bei der Bestimmung der Schiffsposition auf. Für diese

[1] Eingang des Manuskripts in der Redaktion: 28. 11. 1963

Abb. 2. Schleppkörper mit eingebauter Sonde

Zwecke stand während des Meßzeitraumes 1962 kein Gerät für Funkortung zur Verfügung, so daß sich die Bestimmung der Position des Schiffes, abgesehen von einzelnen Vorbeifahrten an Tonnen, auf die Festlegung der Profilanfänge und Profilenden beschränken mußte. Diese Positionsbestimmungen erfolgten entweder durch Kreuzpeilungen mit dem Schiffskompaß oder durch Winkelmessungen mit dem Sextanten. Der Fehler kann bei diesen Messungen bis zu 200 m betragen, was bei einer Kartendarstellung im Maßstab 1 : 100000 einem Fehler von 2 mm entspricht und somit unbedeutend ist. Ein weiterer Fehler kann dadurch auftreten, daß die Schiffsgeschwindigkeit durch Strömungen und stärkeren Wind verändert wird. Dieser mögliche Fehler wurde völlig vernachlässigt und für jedes Profil eine mittlere Geschwindigkeit, die sich aus Profillänge und Gesamtfahrzeit ergab, angenommen. Bei mehreren Profilen ergaben sich dadurch größere Differenzen, so daß sie zur Konstruktion der Isanomalenkarte nicht herangezogen werden konnten. Durch Ergänzungsmessungen, bei denen im Jahre 1963 die Ortung mit Hilfe eines Decca-Gerätes erfolgte, ist die Lage der Anomalien genauer bestimmt worden. Die Auswertung der Ergebnisse ist jedoch noch nicht abgeschlossen.

3. Bearbeitung der Meßresultate

Die Berechnung des Betrages der Totalintensität des erdmagnetischen Feldes aus den vom Magnetometer angegebenen Werten von n ist nach der Formel

$$T = \frac{\omega o}{\gamma p} = \frac{2\pi f}{\gamma p} = \frac{2\pi}{\gamma p} \cdot \frac{K}{n \cdot 10^{-5}}$$

möglich. Dabei ist n die Anzahl der 100 kHz-Schwingungen, die mit 1024 Signalschwingungen (K) verglichen werden. Der Wert von n, eine fünfstellige Dezimalzahl, kann entweder an Ziffernröhren abgelesen oder auf Papierstreifen aufgedruckt werden (Tabelle). Durch den Beobachter können mit Hilfe eines Druckknopfes weitere Zahlen zur Markierung von Orientierungspunkten bzw. Zeitintervallen aufgedruckt werden, wodurch eine Zuordnung der einzelnen Meßwerte zum Profilverlauf ermöglicht wird.

Da das Gerät so eingestellt war, daß alle 16 sec eine Messung erfolgte, was bei einer Schiffsgeschwindigkeit von 8—10 sm/h einem Meßpunktabstand von 60—75 m entspricht, hätte die Umrechnung jedes einzelnen Wertes einen erheblichen Arbeitsaufwand bedeutet. Aus diesem Grunde wurden zunächst auf Millimeterpapier die tatsächlich gemessenen Werte von n aufgetragen. Da für die angewandte Geophysik nicht der Absolutwert von T, sondern die Abweichung vom Normalwert (ΔT) von Interesse ist, müssen die üblichen Korrekturen (Normalfeldkorrektur, Variationskorrektur) angebracht werden. Dies erfolgte durch Bestimmung einer Nullinie für jedes Profil. Zunächst wurden die Werte der Nullinie (W_0) für Anfang und Ende jedes Profiles berechnet

$$W_0 = B + V + NF$$

In dieser Formel ist B der Basiswert des Observatoriums Niemegk, V die zeitliche Variation, NF die Normalfelddifferenz zwischen Niemegk und der Lage der Profilenden. Die Berechnung des Normalfeldes erfolgte nach der Formel von RÖSSIGER, die Faktoren für die Epoche 1960,0 wurden freundlicherweise vom Geomagnetischen Institut Potsdam zur Verfügung gestellt. Der Wert der zeitlichen Variation wurde den Registrierungen des Observatoriums Niemegk entnommen. Mehrere Vergleiche zwischen den Registrierungen von Niemegk und Registrierungen im Meßgebiet ergaben keine größeren Differenzen. Bei Auftreten stärkerer Variationen erfolgte noch eine Korrektur der Nullinie für einzelne Profilabschnitte. Diese wenigen Werte für die Nullinie wurden in Periodenwerte umgerechnet und in die Profildarstellung eingetragen (Abb. 3). Parallelen zu dieser Nullinie im Abstand von 20 zu 20 n schneiden die aus den einzelnen Meßwerten gezeichnete Kurve. Da nun im Meßgebiet einer Änderung von n um $\Delta n = 98$ einem ΔT von 100 γ entspricht, kann aus der Profildarstellung sofort die Lage der ΔT-Werte von 20 zu 20 γ abgelesen werden. Aus diesen den Profildarstellungen entnommenen Werten ist die beigefügte Isanomalenkarte ΔT entstanden. Die gestrichelten Linien geben darin den ΔZ-Isanomalenverlauf früherer Messungen im Küstengebiet und auf den Inseln Rügen und Lolland an. Erwähnt sei noch, daß eine Instrumentenkorrektur nicht erforderlich ist. Kontrollen des Gerätes durch Frequenzvergleich mit den vom Deutschlandsender von 10.10 h bis 10.20 h MEZ ausgestrahlten 1000 Hz des DAM ergaben eine Abweichung von $\Delta n = \pm 1$.

4. Ergebnisse der Vermessung

Es ist nicht beabsichtigt, auf Grund des bisher vorliegenden Isanomalenbildes bereits eine geologisch-tektonische Deutung der Meßergebnisse zu geben. Diese soll erst erfolgen, wenn die 1963 durchgeführten Ergänzungsmessungen ausgewertet sind. Die vorläufige Mitteilung soll zunächst nur einen ersten Überblick über die Verteilung von ΔT im westlichen und mittleren Teil der südlichen Ostsee vermitteln.

Tabelle

15^{48}	18	49.595		18	49.535
	18	49.591		18	49.531
	18	49.587		18	49.528
	18	49.584		18	49.526
	18	49.579		18	49.523
	18	49.576		18	49.519
	18	49.572		18	49.516
	18	49.566		18	49.514
	18	49.561		18	49.511
	18	49.558		18	49.507
	18	49.554		18	49.505
	18	49.551	15^{55}	18	49.502
	18	49.547		18	49.498
	18	49.544		18	49.496
	18	49.540		18	49.492

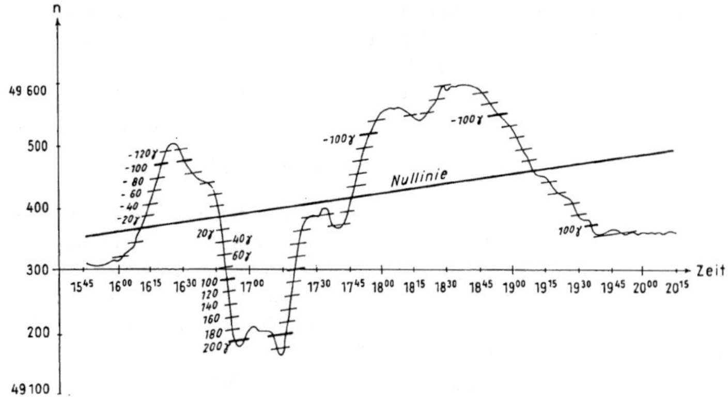

Abb. 3. Profil ostwärts der Insel Rügen

Die beigefügte Isanomalenkarte (Abb. 4) zeigt eine ausgedehnte magnetische Anomalie im Seegebiet zwischen den Inseln Fehmarn und Falster. In ihrem Maximum treten Werte über 240 γ auf. Im Nordteil ist die Anomalie nach Messungen von ΔZ auf Lolland durch MADSEN (1936) ergänzt. Diese Untersuchungen hatten ein ausgeprägtes Minimum über den Südteilen der Inseln Lolland und Falster ergeben. Am Südwestrand der Anomalie biegen die Isanomalen über Fehmarn in eine NW—SE-Richtung um. Ihr weiterer Verlauf ist bisher nicht bekannt, sie können entweder erneut nach Südwesten umbiegen und eine Verbindung zum Minimum von Eutin herstellen oder vor den Ausläufern der Kieler Anomalie nach NE ausbiegen. Im SE der Anomalie vor Lolland besteht eine Verbindung zur Anomalie von Warnemünde, deren Kern sich nicht sehr weit in das Gebiet der Ostsee fortsetzt. Der etwa Ost—West verlaufende Ausläufer am Nordrand der Anomalie scheint nach den neueren Messungen nicht vorhanden zu sein. Nach NE schließt sich eine ausgeprägte Minimalzone an, deren Zentrum die negative Anomalie über Zentralrügen bildet. Ob sich diese Minimalzone nach Westen bis zum Gebiet von Schleswig fortsetzt oder durch die Ausläufer der Kieler Anomalie unterbrochen wird, ist bisher nicht bekannt, da Messungen aus diesem Raum fehlen.

Ostwärts der Südspitze der Insel Falster hat sich eine weitere größere Anomalie ergeben, deren Längsachse fast E—W verläuft. Die höchsten Werte liegen wenig über 50 γ. Nordöstlich dieser Anomalie treten mehrere kleine Anomalien auf, während sich im Osten ein magnetisch wenig gestörtes Gebiet anschließt.

Die Anomalie im Seegebiet ostwärts der Insel Møen setzt sich aus mehreren Teilmaxima zusammen und zeigt eine unregelmäßige Begrenzung. Der Verlauf der Isanomalen ist im Westteil SW—NE, im Nordteil etwa N—S und im Süden E—W mit Ausbuchtungen nach Norden und Süden.

Die aus älteren und neueren Messungen bekannte Anomalie von Rügen (LAUTERBACH 1953/1954, THIERFELDER 1963) zeigt sowohl nach NW als auch nach SE nur eine geringe Fortsetzung. Besonders auffällig an dieser Anomalie ist der große Gradient zwischen dem Maximum und dem im Südwesten vorgelagerten Minimum.

Die Störwerte über 200 γ im Nordteil der Insel Rügen bilden nach den Ergebnissen der Seevermessung das Zentrum einer Teilanomalie einer ausgedehnten magnetischen Störung, die durch die bisherigen Profile nur zum Teil erfaßt worden ist. Die Anomalie erstreckt sich von der Insel Rügen nach Osten bis in das Seegebiet zwischen Adlergrund und Oderbank. Im Westteil biegen die Isanomalen aus der Ost—West-Richtung zunächst in eine NW—SE-, später in eine N—S-Richtung um. Den Abschluß bildet ein schwaches Teilmaximum mit Werten wenig über 120 γ. Ein weiteres Teilmaximum mit Werten über 240 γ hat sich zwischen Adlergrund und Oderbank ergeben. Im Nordosten bzw. Südosten dieser Anomalie deuten sich schmale Zonen höherer Störwerte an, die durch die Messungen 1963 weiterverfolgt werden konnten.

Die gesamte magnetische Störung einschließlich der Anomalie von Zentralrügen wird mit Ausnahme des äußersten Nordwestens von kräftigen Minima umgeben, die wie das positiv gestörte Gebiet mehrfach gegliedert sind. Im Nordwesten besteht eine Verbindung zur Anomaliengruppe vor der Insel Møen.

Die Vermessung im äußersten Südosten zeigt, daß sich auch die bekannte Anomalie von Usedom nur wenig in das Seegebiet hinein fortsetzt.

Zusammenfassung

Die magnetische Vermessung von T im westlichen und mittleren Teil der südlichen Ostsee hat mehrere positiv und negativ gestörte Gebiete größerer Ausdehnung ergeben. Besonders hervorzuheben sind eine fast elliptische Anomalie im Seegebiet vor der Insel Lolland sowie mehrfach gegliederte magnetische Hochs ostwärts der Insel Møen und zwischen der Insel Rügen, dem Adlergrund und der Oderbank. Eine Deutung des geomagnetischen Bildes in geologisch-tektonischer Hinsicht wird hier noch nicht gegeben. Diese erfolgt erst nach Auswertung der 1963 durchgeführten Ergänzungsmessungen sowie der im Osten und Nordosten weitergeführten Untersuchungen.

Резюме

Магнитная съемка тотальной интенсивности западной и средней частей южного Балтийского моря выявила несколько положительно и отрицательно нарушенных областей больших размеров. Особенно вырисовываются почти эллиптическая аномалия в морской области под островом Лоланд, а также часто расчлененные области высоких геомагнитных значений восточнее острова Мён и между островом Рюген, мелководьем ,,Адлерсгрунд'' и устьем реки Одра. Интерпретация геомагнитной картины в геолого-тектоническом отношении здесь еще не дается. Она осуществляется только после анализа дополнительных измерений, проведенных в 1963 году и дальнейших исследований на востоке и северо-востоке.

Summary

The magnetic survey of T in the western and central part of the southern Baltic has shown several positively and negatively disturbed areas of major extent. Special prominence must be given to an almost elliptic anomaly in the waters off the isle of Lolland, as well as to repeatedly divided magnetic highs east of the isle of Møen and between the isle of Rugen, Adlersgrund and Oderbank. In the present paper a geologic-tectonic interpretation of the geomagnetic diagram is still left out of account, and will be made after plotting supplementary surveys carried out in 1963 and investigations continued in the east and northeast.

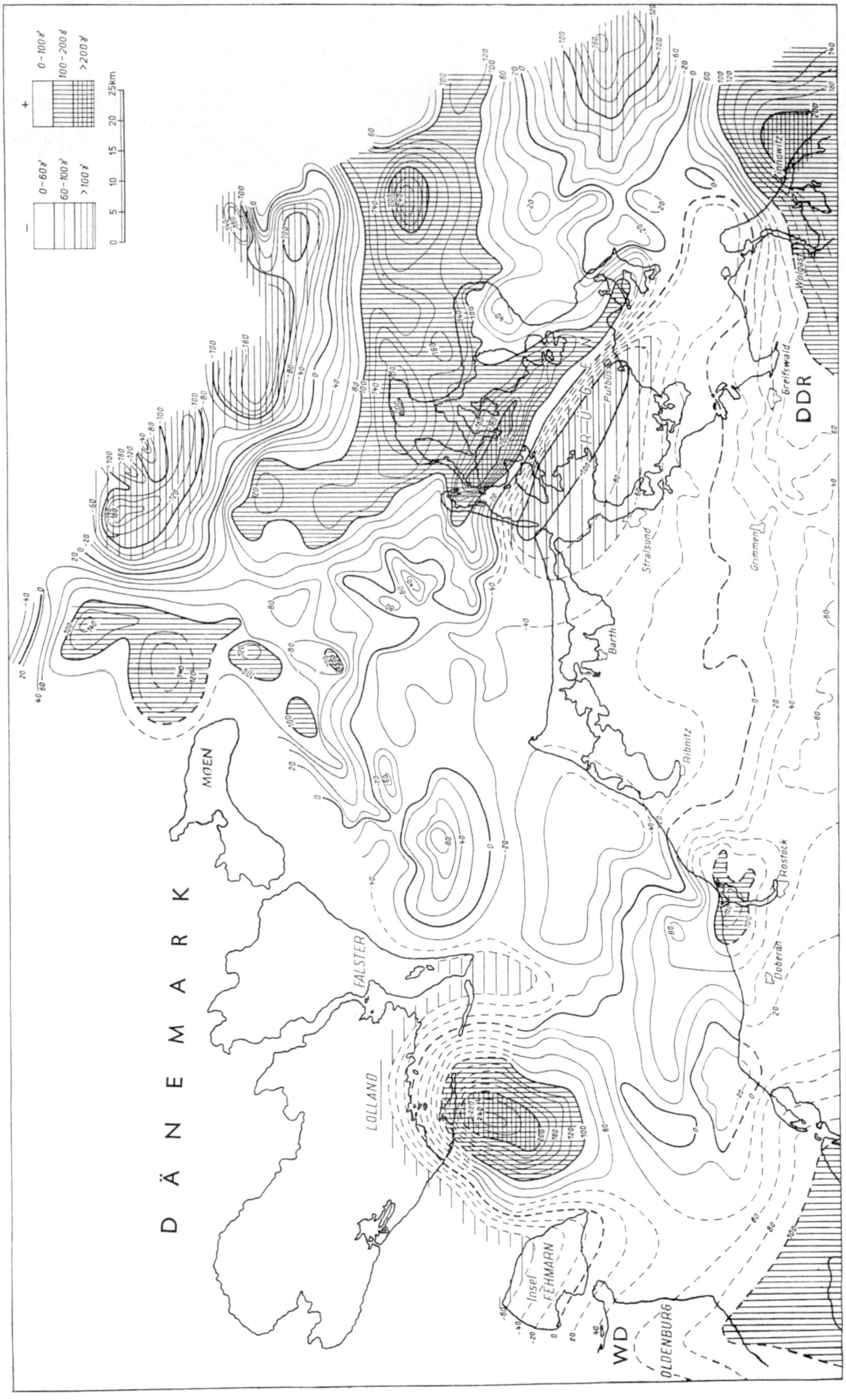

Abb. 4. Isanomalenkarte △ T der südlichen Ostsee

Literatur

BOCK, R., S. BURMEISTER & F. ERRULAT: Magnetische Reichsvermessung 1935, O. – Abh. geophys. Inst. Potsdam, **6**, I, Berlin 1948.
BUBNOFF, S. v.: Geologische Auswertung einer erdmagnetischen Vermessung in Vorpommern. – Mitt. aus dem Naturwissenschaftl. Verein für Neuvorpommern und Rügen in Greifswald, **65/66** (1937/1938).
ERRULAT, F.: Bemerkungen zur Karte der Mißweisung 1945, 5 im südlichen Teil der Nord- und Ostsee. – Deutsche Hydr. Z., **1** (1948).
– Messungen der Horizontalintensität des erdmagnetischen Feldes auf der Ostsee in den Jahren 1938 und 1939. – Deutsche Hydr. Z., **2** (1949).
– Ergebnisse von H-Messungen auf der Ostsee 1938 und 1939. – Deutsche Hydr. Inst., Veröffentl. erdmagn. Obs. Wingst, 2 (1950).
ERRULAT, F. & H. PODSZUS: Messungen der Vertikalintensität des erdmagnetischen Feldes auf See mit einem Tauchgerät. – Ann. Hydr. u. Marit. Met., **71** (1943).
GERNET, A. v.: Die Ergebnisse der magnetischen Messungen in der Ostsee in den Jahren 1924/1929. – Z. Geophys., **6** (1930).
KUTSCHER, F.: Die erdmagnetischen Anomalien des Odermündungsgebietes und ihre Bedeutung für die Geologie. – Jb. Reichsst. Bodenforsch., **62** (1941).
LAUTERBACH, R.: Beiträge zur tektonischen Deutung der geomagnetischen Übersichtskarte der DDR. – Wiss. Z. Karl-Marx-Univ. Leipzig, math.-naturwiss. R., **3**, 3 (1953/1954).
LJUNGDAHL, G.: Determinations of the Magnetic Dedination at Sea on a Motor-Boat. – Terr. magn., **40** (1935).
– Magnetic Measurements on the „Compass" in the Baltic Sea 1938. – Kgl. Sjökarteverket, Jordm. Publ., 13, Stockholm 1940.
MADSEN, V.: Maalinger af Magnetkrahtens lodrette Styrke paa Laaland, Falster og Møen. – Medd. fra Dansk Geol. Forening, **9**, Kopenhagen 1936.
MEYER, O.: Die Messung der Vertikalintensität des erdmagn. Feldes auf See mit dem Magnetron. – Deutsche hydr. Z., **2** (1949).
SALDUKAS, J.: Das Normalfeld und die Anomalien der erdmagnetischen Vertikalintensität im Ostseegebiet. – Deutsch. Hydr. Inst., Veröffentl. d. erdmagn. Obs. Wingst, 4, Hamburg 1951.
SCHUH, F.: Magnetische Anomalien im westlichen Mecklenburg. – Z. Geoph., **4** (1928).
– Isanomalenkarte der magnetischen Vertikalintensität von Mecklenburg. – Mitt. meckl. geol. Landesanst., Rostock 1934.
THIERFELDER, G.: Ergebnisbericht erdmagnetische Erkundung Rügen, Hiddensee. – Arch. VEB Geophysik, Leipzig 1963.
WEIMERT, G.: Ergebnisbericht Entwicklung der Aeromagnetik in der DDR. – Arch. VEB Geophysik, Leipzig 1963.
ZIMMERMANN, B.: Erdmagnetische Messungen in den Jahren 1951–1954 auf der westlichen Ostsee. – Ann. f. Hydrographie, **4** (1956).

Einige Ergebnisse bei der Erprobung der Methode MPP[1)]

F. M. KAMENEZKIJ & W. F. KOWALENKO, UdSSR

Seit 1959 wurde am Institut für Erkundungsgeophysik (MGRJ) eine neue induktive Methode der Elektroerkundung ausgearbeitet. Sie gründet sich auf das Studium des Magnetfeldes von Wirbelströmen, die in den geologischen Objekten nach Abschalten des primären Magnetfeldes einer gleichstromgespeisten, ungeerdeten Schleife entstehen.

In den vergangenen Jahren wurden umfangreiche rechnerische Modelluntersuchungen zur Ausarbeitung der theoretischen Grundlagen der Methode der Übergangsprozesse (MPP) und für die Auswahl der Parameter der Meßapparatur durchgeführt. Es wurden Versuchsapparaturen hergestellt, die für die Registrierung der Übergangsprozesse unter Feldbedingungen geeignet sind, und Versuchsfeldarbeiten zur Erprobung der Methode MPP an einer Reihe von Kupferkieslagerstätten des Südurals durchgeführt. Die Untersuchungen erlauben die Schlußfolgerung, daß die Methode der Übergangsprozesse bestimmte Vorzüge gegenüber anderen Verfahren besitzt, die beim Aufsuchen gut leitender Erze in der Praxis der Elektroerkundung bisher Anwendung gefunden haben.

Die Hauptvorzüge der MPP sind folgende:

1. Es werden nur die anomalen Komponenten des Feldes registriert, wenn die Aufzeichnungen der Übergangsprozesse nach der Ausschaltung des primären Feldes ausgeführt werden. Im Zusammenhang damit sinken die Forderungen an die Genauigkeit der Registriereinrichtung, und es entfällt eine Reihe von Schwierigkeiten bei der Berechnung der geometrischen Parameter der Meßanordnung.

2. Sie ermöglicht die Durchführung der Sucharbeiten in Bezirken mit mächtigen, gut leitenden Schichten, in denen die Aufnahme mit anderen induktiven Methoden infolge starker Absorption des Feldes im Deckgebirge erschwert wird. Bei der Durchführung der Aufnahme mit der MPP werden Anomalien, die durch Erzkörper hervorgerufen werden, welche unter leitenden Gesteinen liegen, bei bestimmten Bedingungen sogar vergrößert im Vergleich zu Anomalien, die durch gleiche Objekte geschaffen wurden, die aber in nichtleitenden Nebengesteinen liegen.

3. Die Unterscheidung von Zonen hoher Leitfähigkeit und geringer Leitfähigkeit (Heterogenität zwischen Erzkörpern und Nebengestein) ist besser als bei anderen Methoden.

[1)] Methode der Übergangsprozesse bei Induktionsvorgängen. Aus: „Raswedka i ochrana nedr", 7 (1962), S. 35–38. Übers.: G. MAGALOWSKI unter Mitarbeit von R. ZEUCH

Die Analyse der Prozesse der Feldentstehung bei Anwesenheit von Leitern verschiedener Formen zeigt, daß die Größe der Anomalien mit der Zeit vom Beginn des Übergangsprozesses an unbegrenzt zunimmt. Dadurch sind die Möglichkeiten der MPP in der Gliederung der Anomalien, die von guten und schlechten Leitern hervorgerufen wurden, theoretisch unbegrenzt. Praktisch jedoch ist das Auflösungsvermögen der Methode durch die Kapazität der Generatoranlage und die Empfindlichkeit der Registriereinrichtung begrenzt. Diese Umstände wurden bei der Konstruktion der Apparatur für die Felduntersuchungen berücksichtigt.

Die Parameter der Anlage wurden so ausgewählt, daß die Registrierung der Übergangsprozesse bei Anwesenheit von Erzen mit hoher Leitfähigkeit in Zeitintervallen bis 40 ms gewährleistet ist sowie ihre Abgrenzung auf Grund der Übergangsprozesse, welche an Heterogenitäten gebunden sind, die sich in der Leitfähigkeit von Erzlagern um ein Vielfaches unterscheiden, aber in unmittelbarer Nähe des Beobachtungspunktes liegen, ermöglicht wird.

Die Ergebnisse der Erprobung der MPP in einer der Kupferkieslagerstätten des südlichen Urals bestätigen die Zweckmäßigkeit der Anwendung dieser Methode bei geologischen Sucharbeiten. Die Lagerstätte ist an den Kontakt effusiver Keratophyre und überlagernder Pakete von wechsellagernden Quarzkeratophyren und ihren Tuffen gebunden. Im Profil trifft man Spilite, Spilittuffe und Spilitporphyrite an. Das Hauptlager erinnert in der Form an eine Linse mit einer asymmetrischen Ausbeulung nach NE. Die Längserstreckung verläuft etwa in meridionaler Richtung, das Einfallen beträgt 40–50° nach W. Die größte Längserstreckung des Lagers beträgt 250 m, die mittlere Mächtigkeit 12 m. Die Tiefe von der Oberfläche erreicht 50–70 m. Die untere Grenze der Oxydationszone verläuft in einer Teufe von ungefähr 70 m.

Die Oxydation an der Oberfläche zeigt sich in einer Vergreisenung, Verquarzung und Jarowitisierung der Keratophyre. Das Liegende der Keratophyre ist stärker eisenhaltig.

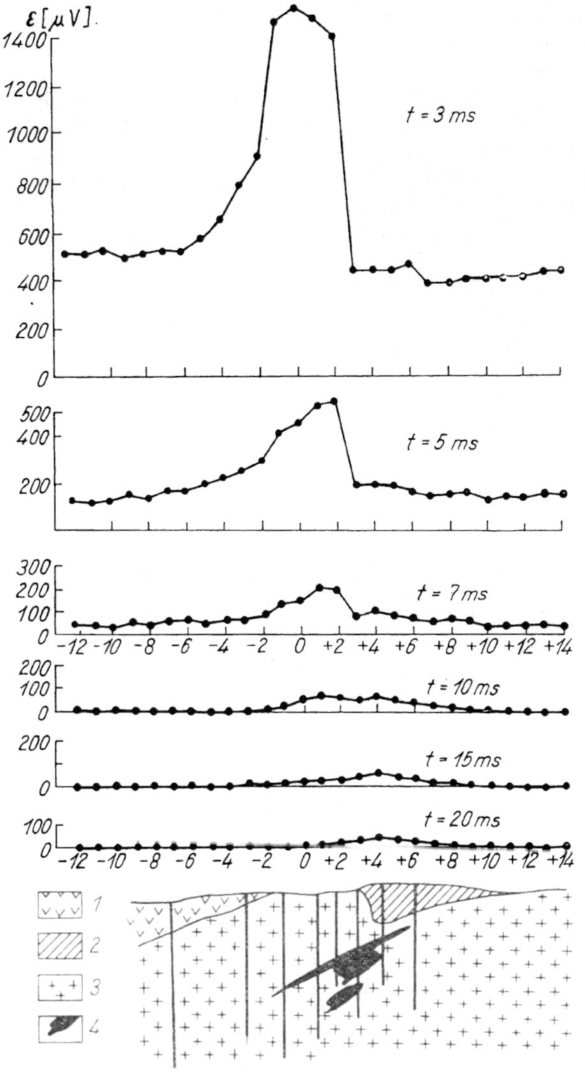

Abb. 1. Resultate der Aufnahme nach der Methode MPP in einer der Kupferkieslagerstätten des südlichen Urals

1 – Spilite, ihre Tuffe und Spilitporphyrite; 2 – gebleichte Quarzkeratophyre; 3 – effusive Quarzkeratophyre und ihre Tuffe; 4 – Kupferkies

Die Aufnahme mit der MPP wurde an einem Profil durchgeführt, das durch das Epizentrum des Erzkörpers verläuft und nordöstliche Richtung besitzt. Das Profil lag im zentralen Teil der ungeerdeten Schleife von 700 m × 900 m, ausgelegt mit der Elektroerkundungsleitung MPO; die Richtung der Längsseite der Schleife fiel mit der Profilrichtung zusammen. Die Amplitude des Gleichstromimpulses in der Schleife wurde auf 6 A gehalten. Die Aufzeichnung der Übergangsprozesse ging mit Hilfe eines Meßrahmens vor sich, dessen effektive Fläche 5000 m² betrug. Das Signal vom Rahmen wurde in einen Gleichstromverstärker gegeben, dessen Verstärkungskoeffizient 50000 betrug, und weiter auf die vertikalen Platten des Kathodenstrahloszillographen mit Nachleuchtschirm übertragen. Mit Hilfe einer Photoeinrichtung wurde die Kurve des Übergangsprozesses vom Bild der Kathodenstrahlröhre photographiert.

Die Ergebnisse der Aufnahme nach der Methode der Übergangsprozesse sind in Abb. 1 dargestellt.

Die Kurven der Amplitudenverteilung des Übergangsprozesses wurden aufgestellt für 3, 5, 7, 10, 15 und 20 ms nach Unterbrechung des Schleifenstroms. Die graphischen Darstellungen werden mit einem schematisierten geologischen Profil gemeinsam gezeigt, welches nach den Ergebnissen der Erkundungsbohrungen aufgestellt wurde. Aus Abb. 1 ist eine sehr starke Anomalie ersichtlich (Meßpunkte von −3 bis +2), festgestellt bei 3, 5 und 7 ms (bis 1500 μV bei 3 ms), genügend nahe der Projektion des Erzkörpers auf die Oberfläche. Diese Anomalie erstreckt sich in Richtung der negativen Meßpunkte und verkleinert sich stark gerade über dem Zentrum des Erzkörpers (Meßpunkte +2, +3).

Wie aus Abb. 1 ersichtlich, verändert sich bei 10, 15 und 20 ms der Charakter der Feldverteilung wesentlich. Die Anomalien an den Meßpunkten von −3 bis +2 verringern sich in der Amplitude und verschwinden allmählich, aber es erscheint ungefähr bei 7 ms eine zweite Anomalie (Meßpunkte von −1 bis +8), die räumlich mit der Lage des Erzkörpers zusammenfällt und bei 20 ms ungefähr 40 μV beträgt. Das Fehlen der Anomalie über dem Erzkörper in frühen Zeitintervallen des Übergangsprozesses kann man vielleicht durch ihre Kompensation durch den negativen Teil der Anomalie erklären (Meßpunkte von −3 bis +2).

Ein Nichterzobjekt, das in frühen Zeitintervallen eine bedeutende Anomalie hervorruft, stellt selbst eine leitende Zone dar, die an ein Paket Spilite und ihre Tuffe gebunden ist. Sie liegen in unmittelbarer Nähe der Projektion des Erzkörpers auf die Oberfläche. Nur die Unterschiede der zeitlichen Charakteristika erlauben, solche kleinen Unterschiede in den Amplituden auszusondern: die Anomalie, die durch den Erzkörper geschaffen wird (der in einer Teufe von mehr als 70 m liegt), sowie die Anomalie, die hervorgerufen wurde durch ein leitendes Paket von Gesteinen, das zutage ausstreicht.

Der Charakter der Abnahme der Amplituden in der Zeit an verschiedenen Meßpunkten des Profils ist ersichtlich aus Abb. 2. Die Kurven charakterisieren die Veränderung der Amplitudenwerte des Übergangsprozesses in verschiedenen Zeitintervallen (vom Moment der Unterbrechung des primären Magnetfeldes an) am Meßpunkt +4 im Verhältnis zu ihren Werten an den Meßpunkten −10, +12 und 0. Meßpunkt +4 liegt über dem Zentrum des Erzkörpers, die Meßpunkte −10 und +12 an den Grenzen der Anomalien, Meßpunkt 0 befindet sich im Gebiet des Maximums der Nichterzanomalie.

Die Kurven 1 und 2 zeigen, daß die Amplitude der Übergangsprozesse am Meßpunkt +4 bedeutend langsamer abnimmt als an den Meßpunkten −10 und +12.

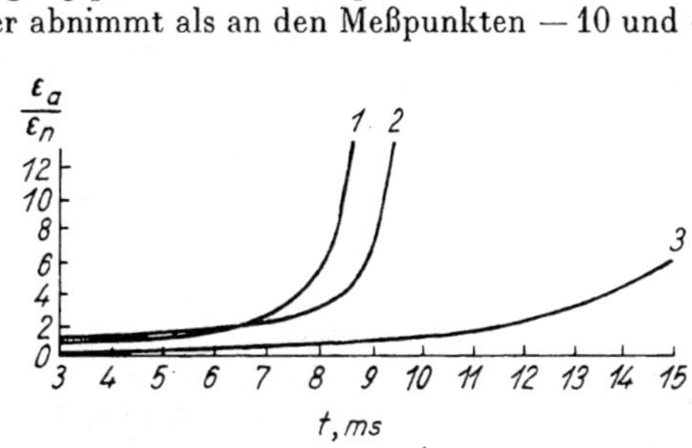

Abb. 2. Kurven der Verhältnisse der Amplituden des Übergangsprozesses zu den verschiedenen Meßpunkten

Verhältnis: EMK an Meßpunkt +4 zu EMK: 1 – an Meßpunkt −10; 2 – an Meßpunkt +12; 3 – an Meßpunkt 0

Schon bei 10 ms übertrifft sie hundertfach den Anomalieeffekt der Nebengesteine. Die Kurve 3 charakterisiert die relative Geschwindigkeit der Verringerung der Erz- und Nichterzanomalien; im Zeitintervall bis 9 ms besitzt sie Werte < 1. In diesen Zeitintervallen ist die Größe der Nichterzanomalie größer als die Erzanomalie, bei 9 ms sind die Anomalien gleich, aber bei 15 ms ist der Wert der Anomalien bei Meßpunkt +4 sechsmal größer als bei Meßpunkt 0. Ein scharfer Anstieg der Kurve 3 muß bei 25—30 ms erfolgen, aber infolge weniger Werte der Amplituden des Übergangsprozesses für Meßpunkt 0 bei den Zeitintervallen, die größer als 15 ms sind, wurde die Kurve 3 nicht weiter dargestellt. In Abb. 3 werden die Kurven des Übergangsprozesses gezeigt, die bei der Aufnahme an den Meßpunkten 0, +4, +12, −10 erhalten wurden.

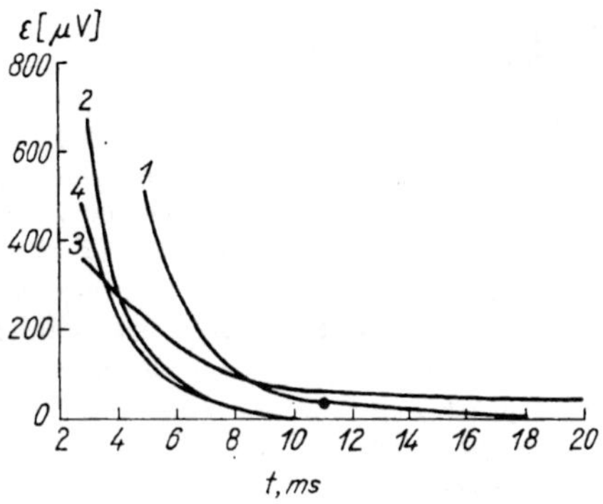

Abb. 3. Kurven der Übergangsprozesse

1 — Meßpunkt 0; 2 — Meßpunkt — 10; 3 — Meßpunkt +4; 4 — Meßpunkt +12

Das angeführte Beispiel bestätigt die bei der Modellierung und bei den Berechnungen erhaltenen Schlußfolgerungen in der Hinsicht, daß das Studium der späten Stadien des Übergangsprozesses erlaubt, bei bestimmten geoelektrischen Bedingungen den Einfluß der Heterogenität der Nebengesteine des Erzkörpers wesentlich zu verringern und die Tiefe für das Aufsuchen gut leitender Erze zu vergrößern.

Dieses Beispiel zeugt auch für die Notwendigkeit der Registrierung früher Stadien des Übergangsprozesses bei der geologischen Kartierung in geringen Teufen.

Literatur

KAMENEZKIJ, F. M. & W. F. KOWALENKO: Das unausgebildete Feld einer ungeerdeten Schleife bei Anwesenheit eines leitenden Körpers, der von Alluvionen bedeckt ist. — Sb. Prikladnaja geofisika, Moskau 1962.

KAUFMAN, A. A., W. F. KOWALENKO & JU. W. JAKUBOWSKIJ: Über die Möglichkeiten einer Induktionsmethode beim Aufsuchen gut leitender Erzkörper. — Isw. WUS, Geologija i raswedka, Nr. 3, Moskau 1960.

KOWALENKO, W. F.: Über die Anwendung der Methode der Übergangsprozesse in Sulfidlagerstätten des Südlichen Urals. — Sowjetskaja Geologija, Nr. 6, Moskau 1961.

Drehwaagemessungen in der Braunkohlenerkundung[1)]

(Vorläufige Mitteilung)

Volkmar KÖCKE & Ernst LEHMANN, Berlin

Bei Auswertung der Beschlüsse des VI. Parteitags der SED wurden in der Abteilung Lagerstätten des VEB PKB „Kohle“, Berlin, Überlegungen angestellt, wie die Erkundungsmethodik durch die Anwendung wissenschaftlich-technischer Hilfsmittel rationeller gestaltet werden kann. Bei den Projektierungsarbeiten für das Kohlenfeld Welzow-West ergaben sich Schwierigkeiten bei der Feststellung des genauen Verlaufs des Südabbruchs des Kauscher Grabens, der sich vom Prätertiär aus in das Tertiär fortsetzt. Um diese Störung zu ermitteln, hätte es einer erheblichen Anzahl von Bohrungen bedurft. Bei Profilbohrungen etwa senkrecht zur Störung, deren Verlauf durch einige Bohrungen ungefähr bekannt ist, wären auf einer Länge von 10 km etwa 35 Profile mit mindestens je 7 Bohrungen erforderlich gewesen. Das sind insgesamt 245 Bohrungen. Setzt man eine durchschnittliche Teufe von 120 m an, so kommt man auf rd. 29000 Gesamtbohrmeter.

Nachdem bisher geophysikalische Methoden zur Ortung von Verwerfungen im Prätertiär mit Erfolg angewendet wurden, lag es nahe, ein geeignetes Verfahren für die Braunkohlenerkundung herauszufinden. Die Seismik schied von Anfang an aus, da im Tertiär keine schallharten Gesteine zu erwarten sind. Die geoelektrische Widerstandskartierung ließ nach der Erfahrung, daß sich Grundwasserleiter störend bemerkbar machen, keine einwandfreien Ergebnisse erwarten. So bot sich die Gravimetrie (Drehwaage) insofern an, als die Dichteunterschiede zwischen Braunkohle (Raumgewicht ~1,3) und den Begleitgesteinen im Hangenden und Liegenden (bis zur Oberkante Prätertiär) des Braunkohlenflözes (Raumgewicht ~2,0) als ausreichend angesehen werden dürfen, um Meßergebnisse mit befriedigender Genauigkeit zu liefern. Diese Feststellung bezieht sich allerdings nur auf den Verlauf der Störung, nicht aber auf den Versetzungsbetrag. Das beeinträchtigt die Anwendung der Drehwaage insofern nicht, als bei bekanntem Störungsverlauf mindestens 2, im Höchstfalle 3 Bohrungen notwendig sind, um die Sprunghöhe zu ermitteln. Es kann damit gerechnet werden, daß nach Ausführung der Drehwaagemessungen nur noch etwa 105 Bohrungen (= rd. 12000 Meter) erforderlich sind, die in kurzen Profilen (ca. 50 m Länge) quer zur Störung angeordnet werden. Das heißt, daß bei Einsatz der Geophysik rd. 17000 Bohrmeter eingespart werden können. Der ökonomische Nutzen liegt klar auf der Hand.

Im August 1963 wurden auf Grund eines besonderen Auftrags vom Drehwaagemeßtrupp des VEB Geophysik Leipzig zunächst zwei Meßprofile zu Testzwecken im Raum südlich der Linie Kausche—Stradow gelegt, deren durchweg positive Ergebnisse[2)] Veranlassung gaben, im Erkundungsprojekt für Welzow-West 1964 Drehwaagemessungen in größerem Umfang vorzusehen. Eine ausführliche Darstellung der Ergebnisse ist einer späteren Veröffentlichung vorbehalten.

[1)] Eingang des Manuskripts in der Redaktion: 26. 10. 1963

[2)] Gutachten: „Gravimetrische Erkundung Welzow-West 1964 (Drehwaagemessung)“, Bearbeiter R. HEYNIG, vom 30. 9. 1963

Über die Qualität von Buntmetallerzen und die Rentabilität der Produktion[1)]

(Ein Diskussionsbeitrag zum Aufsatz von B. F. NOWOSHILOW, Moskau; Z. angew. Geol., **10**, H. 3, Berlin 1964)

S. L. SCHASCHURIN & N. W. PLAKSA, UdSSR

Die von B. F. NOWOSHILOW aufgeworfenen Fragen sind sehr aktuell und verdienen die Beachtung breiter Ingenieurkreise. Auf der Grundlage der Analyse der Arbeit einer Reihe Gruben in Kasachstan kommt der Verf. zu dem Schluß, daß eine Senkung des Gehalts an Metallen in den Fördererzen unzulässig ist.

Ohne die Unbestreitbarkeit einer Reihe von Thesen zu leugnen, die im Aufsatz B. F. NOWOSHILOWs vorgebracht wurden, insbesondere der These, daß die Förderung (Gewinnung) armer Erze ökonomisch gerechtfertigt sein muß, können wir doch dem nicht zustimmen, daß man gegenwärtig keine Herabsetzung des Gehalts an Metallen in den zu fördernden Erzen zulassen darf. Eine Analyse der Arbeit sowjetischer und ausländischer Gruben zeigt, daß der Gehalt der Metalle in den Fördererzen ständig zurückgeht, während die Erzförderung und der Ausstoß der Metalle in den Konzentraten wachsen und die Selbstkosten der Erzförderung und der Metallgewinnung sinken (s. Tab.).

Aus der Tabelle geht hervor, daß der Metallgehalt in den Fördererzen in allen sowjetischen Gruben sinkende Tendenz aufweist. Das Zurückgehen des Gehalts ist ein gesetzmäßiger Vorgang und wird durch folgende Umstände bedingt: 1) durch Sinken des Gehalts der Metalle mit wachsender Tiefe; gegenwärtig werden tieferliegende Horizonte abgebaut sowie höhere Horizonte zu Ende abgebaut, auf denen ebenfalls Vorräte mit geringerem Metallgehalt als in der ersten Abbauperiode der Lagerstätten verblieben; 2) durch die Begrenztheit der erkundeten Buntmetallvorräte; 3) durch die Anwendung hochproduktiver Abbausysteme mit massenhaftem Zubruchgehenlassen des Hangenden; 4) durch die Vervollkommnung der technologischen Prozesse der Erzverarbeitung bei der Aufbereitung und der Metallurgie, die es gestatten, immer ärmere Erze in die Förderung einzubeziehen.

Aus der Tabelle ist ferner ersichtlich, daß neben dem Absinken des Metallgehalts im Erz die Produktivität (Leistung) der Gruben hinsichtlich Erz und Metall gestiegen ist. Die Steigerung der Produktivität der Werke in bezug auf Metall führt zur Reduzierung der Unkosten (s. Abb.). Bei einer Steigerung der Grubenleistung von 1 auf 10 Millionen Tonnen sinkt der Anteil der allgemeinen Unkosten innerhalb der Gesamtselbstkosten um 77,5%. Gleichzeitig schafft die Anwendung neuer technologischer Erzförder- und -verarbeitungsschemata in Kombination mit weitreichender Mechanisierung und Automatisierung der Produktionsprozesse die Möglichkeit, die Arbeitsproduktivität zu erhöhen und die direkten Ausgaben zu senken. Es ist offensichtlich, daß die Einbeziehung armer Erze, darunter auch der Außerbilanzvorräte, in den Abbau in dem Fall gerechtfertigt ist, wenn die zusätzlichen Ausgaben für die Förderung und Verarbeitung des Erzes durch eine Herabsetzung der Unkosten infolge Erhöhung des Produktionsvolumens und Senkung der direkten Aufwendungen gedeckt werden.

Die Erhöhung des Produktionsvolumens erfordert natürlich zusätzliche Kapitalaufwendungen. Berechnungen zeigen aber, daß sich diese Aufwendungen 2—3-mal schneller bezahlt machen als die Aufwendungen für ein neues Werk. Die Einführung dieser Kapazitäten in den bereits in Betrieb befindlichen Werken wird erheblich schneller realisiert als in den noch im Bau befindlichen. Hier muß folglich der Zeitfaktor berücksichtigt werden, dessen Einfluß sich als entscheidend erweisen kann.

In der Grube von Nikitowka ging im Zeitraum von 1940 bis 1962 der Gehalt der Metalle im Fördererz auf knapp die Hälfte zurück. Das war dadurch bedingt, daß die reichsten Erzpartien in den oberen Horizonten abgebaut worden waren. Zu Beginn der fünfziger Jahre wurde im Zusammenhang mit der Unrentabilität des Abbaus der verbliebenen armen Erzkörper, deren Umfang den Umfang der abgebauten Erzpartien um das 2—3fache übertraf, die Frage der Grubenschließung auf die Tagesordnung gesetzt. In diesen Jahren wurde eine Neueinstufung der Vorräte vorgenommen, wobei der Schwellengehalt um 65,5%, der industrielle Minimalgehalt um 54% gesenkt wurden. Dadurch wurden Vorräte in den Abbau einbezogen, die früher als nicht den Konditionen entsprechend galten. Es handelte

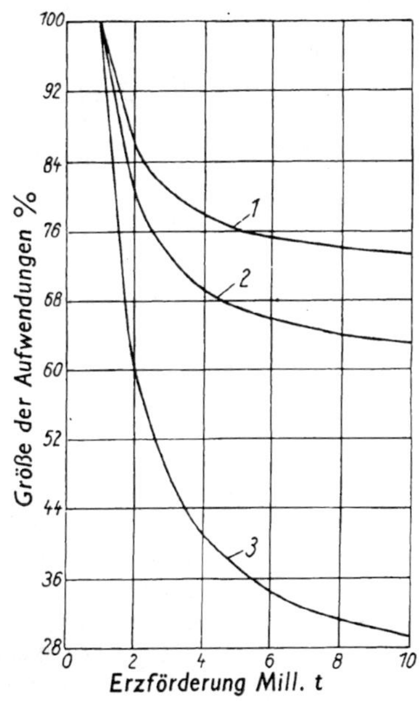

Abb. Der Einfluß des als konstant angenommenen Anteils der Unkosten auf die Selbstkosten der Förderung von einer Tonne Erz

1 – direkte Kosten, 2 – Selbstkosten der Erzförderung, 3 – Unkosten

[1)] Aus: „Gorny shurnal", 9 (1963), S. 5–7
Übers.: W. OESTREICH, Berlin

Tabelle. Angaben über die Verringerung des Metallgehalts in den Fördererzen, die Herabsetzung der Selbstkosten für die Gewinnung von einer Tonne Erz und den Ausstoß an Metallen in den Konzentraten sowie das Anwachsen der Produktivität der Gruben

Kombinate	Kennziffern	Jahr				
		1950	1955	1958	1960	1961
A	Leistung für Erz, %	100	487	920	916	920
	Metallgehalt im Erz, %	100	56	44,4	40,3	39,7
	Metallausstoß, %	100	227	405	331	365
	Selbstkosten, %					
	der Erzförderung	100	66,8	43,3	39,7	35,6
	des Metallausstoßes	–	100	92,8	89,5	87
B	Leistung für Erz, %	100	134	144,5	154	159,5
	Metallgehalt im Erz, %	100	69,2	81,6	81,5	74,1
	Metallausstoß, %	100	93	117,2	150	119,2
	Selbstkosten, %					
	der Erzförderung	100	55,4	55,2	49	46,2
	des Metallausstoßes	100	125,8	107,1	97,3	76,7
C	Leistung für Erz, %	–	100	150	165	163,5
	Metallgehalt im Erz, %	–	100	95,2	98,4	95,4
	Metallausstoß, %	–	100	143,5	163,8	160
	Selbstkosten, %					
	der Erzförderung	–	100	101,8	90,6	95
	des Metallausstoßes	–	100	70,79	67,9	65,5
D	Leistung für Erz, %	100	133,5	146,5	171,5	180
	Metallgehalt im Erz, %	100	86,8	85,6	84,5	83,2
	Metallausstoß, %	100	116,8	132	159,5	169
	Selbstkosten, %					
	der Erzförderung	100	89,2	80,2	72,8	71,2
	des Metallausstoßes	100	77,8	45,7	33	34,8
E	Leistung für Erz, %	100	163,5	186,5	198,0	197
	Metallgehalt im Erz, %	100	99	96,7	96,8	96,4
	Metallausstoß, %	100	124	144,1	157,8	160
	Selbstkosten, %					
	der Erzförderung	100	67,2	60,8	58,3	57,6
	des Metallausstoßes	100	70,0	65,0	47,7	47,6
F	Leistung für Erz, %	100	178,5	208,5	227,5	255
	Metallgehalt im Erz, %	100	70,7	63,0	61,9	59,2
	Metallausstoß, %	100	188,8	204	220,4	280,9
	Selbstkosten, %					
	der Erzförderung	–	100	103,7	93,75	85,75
	des Metallausstoßes	100	85,5	87,8	84,6	80,7
G	Leistung für Erz, %	100	185	221	272	283
	Metallgehalt im Erz, %	100	59,2	51,6	40,5	36
	Metallausstoß, %	100	139	164	179	172,5
	Selbstkosten, %					
	der Erzförderung	100	89,5	67,3	61,3	59,2
	des Metallausstoßes	100	89,8	82,8	86,2	92,5
H	Leistung für Erz, %	100	172	127	106,5	127,5
	Metallgehalt im Erz, %	100	56,2	48,9	43,8	42
	Metallausstoß, %	100	98,6	81,8	55	74,3
	Selbstkosten, %					
	der Erzförderung	100	100	141,5	–	–
	des Metallausstoßes	100	130,4	128,1	131,6	128,1

sich um schwachvererzte Sandsteine zwischen den Erzzonen, um Erzversatz sowie um ärmere Erzlager.

Die Verwendung von Systemen mit massenhafter Hereingewinnung des Erzes (Bruchbau) sowie der Übergang zum Rösten unter Vermeidung einer Aufbereitung gaben die Möglichkeit, die Leistung des Werks bezüglich Erz und Metall stark zu steigern. Die Selbstkosten der Produktion wurden von 1950 bis 1962 um 19,3% gesenkt, die Leistung eines Beschäftigten wuchs in bezug auf die Bruttoproduktion auf das 1,7fache. Die gegenwärtig durchgeführte Rekonstruktion wird es dem Kombinat ermöglichen, gegen Ende des Siebenjahrplans seine Leistung in bezug auf den Metallausstoß noch stärker zu erhöhen. Die Kapitalaufwendungen machen hierbei 45% des Wertes der Grundfonds aus und werden sich in 6—6,5 Jahren bezahlt machen.

Ein analoges Bild ergibt sich in einem polymetallischen Kombinat. Die Steigerung seiner Leistung auf das 2—2,5fache gegenüber 1960 durch Rekonstruktion der Grube, wobei in den Abbau bis 60% der Außerbilanzvorräte einbezogen werden (der Vorratszuwachs beträgt 250%), gibt die Möglichkeit, die Lebensdauer der Grube auf das Doppelte zu erhöhen. Die Kapitalaufwendungen betragen hierbei 16,5% des Wertes der Grundfonds. Die zusätzlichen Aufwendungen machen sich in 6 Jahren bezahlt, anstatt in 15 Jahren, wie das gewöhnlich bei der Errichtung neuer montan-metallurgischer Betriebe angenommen wird. Die Vergrößerung der Produktionskapazität des Werks bei unerheblichen Kapitalaufwendungen kommt dem Metallausstoß gleich, der bei der Errichtung eines neuen großen Unternehmens erreicht wird.

Nicht minder charakteristisch ist das Beispiel der Entwicklung eines anderen großen Kombinats. Die von ihm abzubauende Lagerstätte sollte im wesentlichen im Tiefbau, mit wenig produktiven Systemen, exploitiert werden. Die Verwendung von Systemen mit massenhafter Hereingewinnung bei gleichzeitiger Erhöhung der Förderung im Tagebau gab die Möglichkeit, in den letzten zwölf Jahren die Erzförderung und den Metallausstoß im Konzentrat stark zu steigern. Die Einbeziehung von Außerbilanzvorräten in den Abbau gestattet es, die Rohstoffbasis des Werks um 61% und die Leistung bezüglich Erz um 30% zu erhöhen. Zusätzliche Kapitalinvestitionen sind dafür nicht erforderlich, der Metallausstoß des Betriebes erhöht sich um 15%.

Bezeichnend ist auch ein drittes Beispiel. Vom Augenblick der Inbetriebnahme an erhöhte sich die Leistung des Werks für Erz auf das Doppelte, der Metallausstoß auf das 1,6fache; die Selbstkosten der Erzförderung sanken um 42,4%, die Selbstkosten des Metalls im Konzentrat um 52,4%. Die weitere Entwicklung gestattet bei einer Zunahme der Erzgewinnung auf das 2,5fache und des Ausstoßes an Metallen auf das 2,4fache eine Senkung der Selbstkosten der Produktion um 57% gegenüber den faktischen Selbstkosten im Jahre 1961. Die Aufwendungen für die Rekonstruktion des Werks werden hierbei 212% des Wertes der Grundfonds ausmachen, die Rückflußdauer der Investitionen beträgt 10—12 Jahre.

Auf allen erwähnten Gruben werden neben der Reduzierung der Unkosten durch Erhöhung des Produktionsvolumens auch die direkten Kosten durch Abbau im Tagebau im großen Maßstab und durch hocheffektive UT-Abbausysteme mit massenhafter Hereingewinnung des Erzes gesenkt.

Die Herabsetzung des Gehalts der Metalle in den Fördererzen durch Einbeziehung von ärmeren Partien und Außerbilanzerzen in den Abbau bei gleichzeitiger Erhöhung der Produktivität ist daher eine wichtige Quelle für die Erhöhung des Ausstoßes an Metallen, was von B. F. NOWOSHILOW aber ignoriert wird. Wollte man B. F. NOWOSHILOW hinsichtlich der Unzweckmäßigkeit der Herabsetzung der Konditionen beistimmen, so verblieben in den abgebauten und in Abbau befindlichen

Horizonten erhebliche Vorräte armer Erze, die später unwiederbringlich verlorengehen würden bzw. würde ihre Gewinnung erhebliche zusätzliche Kapitalaufwendungen für die Organisierung eines wiederholten Abbaus erforderlich machen.

Man kann auch der Behauptung B. F. NOWOSHILOWS nicht zustimmen, daß die Errichtung neuer großer Werke auf Kosten der möglichen Einsparung, die durch Abbau von Vorräten mit höherem Metallgehalt zu erreichen ist, vorteilhafter ist als die Rekonstruktion und die Erweiterung der bestehenden Werke. Erstens erfordert die Erweiterung der bereits in Betrieb befindlichen Werke jederzeit geringere Investitionen als die Errichtung neuer Werke, und diese Investitionen machen sich zwei- bis dreimal so schnell bezahlt wie bei der Errichtung neuer Werke. Zweitens ist die Errichtung neuer großer Betriebe (Grubenanlagen) nur beim Vorhandensein einer entsprechenden Rohstoffbasis möglich. Trotz der erheblichen Entfaltung der Such- und Erkundungsarbeiten in unserem Land ist die Zahl der neuentdeckten Buntmetallagerstätten in den letzten zehn Jahren beschränkt, so daß der Zuwachs an Metall zweifellos durch Einbeziehung bereits nachgewiesener Vorräte ärmerer Erze in den Abbau in den bereits in Betrieb befindlichen Gruben erfolgen wird. Drittens gestatten die modernen Aufbereitungsverfahren (in Schwerelösungen, kollektive Flotation usw.), ohne ökonomische Verluste zusätzlich eine große Menge von Außerbilanzerzen zu gewinnen und zu nutzen.

Die Praxis des Auslands bestätigt ebenfalls diese These. Es ist z. B. bekannt, daß zu Beginn dieses Jahrhunderts der Kupfergehalt in den Fördererzen 50 kg/t betrug, in den zwanziger Jahren ging er auf 20—25 kg/t herunter, und gegenwärtig beträgt der Durchschnittsgehalt an Kupfer in den Fördererzen nur 5 kg/t. Diese Sachlage ist nicht nur für Kupfererze kennzeichnend, sondern auch für andere Erze der Buntmetalle und seltenen Metalle.

Den von B. F. NOWOSHILOW hinsichtlich der Arbeit des Kombinats Tekelij vorgebrachten Beschuldigungen kann man nicht zustimmen.

Nach der Behauptung dieses Autors ist die Hauptursache für die unbefriedigenden ökonomischen Kennziffern dieses Werks der Einsatz von Systemen mit massenhaftem Hereingewinnen des Erzes. Es handelt sich natürlich nicht darum. Die Systeme mit massenhaftem Hereingewinnen (Zubruchgehenlassen des Hangenden) finden vielerorts immer größere Verwendung. Unserer Ansicht nach war die Anwendung dieses Systems nicht nur möglich, sondern auch notwendig. Aber bei dem Auftreten einer großen Menge Schwefel und der Möglichkeit der Selbstentzündung der Erze war eine prophylaktische „Verschlammung" nötig, welche die Möglichkeit endogener Brände ausschloß. Lehrreich in dieser Beziehung sind die Erfahrungen beim Abbau der hochschwefelhaltigen Erze in den oberen Horizonten des Gebiets von Butte (USA), wo im Verlauf von zumindest einem Jahrzehnt das System des Etagenzubruchgehenlassens des Hangenden angewandt wird. Infolge der prophylaktischen Schlammeinspülung gab es in diesen Bereichen keinerlei Selbstentzündung.

Aus dem Gesagten können folgende Schlüsse gezogen werden:

1. Die Herabsetzung des Metallgehalts in den Fördererzen ist gesetzmäßig und unvermeidlich.

2. Die Herabsetzung der geltenden Konditionen ist eine wichtige Quelle für die Erweiterung der Rohstoffbasis der Gruben und die Erhöhung des Ausstoßes an Buntmetallen und seltenen Metallen.

3. Die Rekonstruktion und Erweiterung der bestehenden Gruben auf der Grundlage der Einbeziehung ärmerer Erze in den Abbau erfordert erheblich geringere Kapitalaufwendungen als die Errichtung neuer Grubenanlagen; die Rückflußdauer dieser Aufwendungen wird von 15 auf 5—6 Jahre herabgesetzt.

4. Die Einbeziehung ärmerer Erze in die Exploitation in den bestehenden Gruben ist nur dann begründet, wenn die Steigerung der Leistung der Grube ihre rentable Arbeit gewährleistet.

5. Bei der Herabsetzung der Konditionen spielt die Anwendung von Tagebauverfahren und hocheffektiven Systemen des untertägigen Abbaus mit massenhaftem Zubruchgehenlassen des Hangenden eine bedeutende Rolle, ferner die Anwendung hocheffektiver aufbereitungstechnischer und metallurgischer Verfahren [Aufbereitung in Schweresuspensionen, kollektive Flotation (Sammelflotation), Rösten in siedender Schicht usw.], wodurch die Möglichkeit geschaffen wird, die direkten Kosten für die Gewinnung des Endprodukts — des Metalls — zu senken.

XI. Colloquium Spectroscopicum Internationale

Belgrad, 30. 9. — 4. 10. 1963

In Belgrad fand in der Zeit vom 30. 9. bis 4. 10. 1963 das Colloquium Spectroscopicum Internationale statt. Die Union der chemischen Gesellschaften der SFR Jugoslawien war der Veranstalter dieser alle zwei Jahre stattfindenden Tagung. Die letzte wurde in Lyon (Frankreich) abgehalten, und die folgende soll in England stattfinden.

Diese Zusammenkunft ist das bedeutendste wissenschaftliche Forum auf dem Gebiet der Spektrochemie. Das findet in der Teilnahme von über 300 Wissenschaftlern aus 21 Ländern, darunter: ČSSR, DDR, England, Frankreich, Italien, Niederlande, UdSSR, Ungarn, USA, seinen Ausdruck. 178 Kurz- und 7 Plenarvorträge sind ein beredtes Zeugnis der intensiven Forschungstätigkeit und Entwicklung dieses Zweigs der Naturwissenschaften.

Das wissenschaftliche Programm war in drei Arbeitsgebiete unterteilt:

A. Spektroskopie, allgemein
1. Theorie der Spektren
2. Spektroskopie des Plasmas
3. Spektroskopie in der Astrophysik

B. Spektrochemische Analyse
1. Emissionsanalyse: a) sichtbare, b) ultraviolette
2. Absorptionsanalyse: a) sichtbare, b) ultraviolette
3. Infrarot, Raman

C. Übrige Methoden
1. Elektronenparamagnetische und kernmagnetische Resonanz

2. Röntgenfluoreszenz, Lumineszenz
3. Massenspektroskopie
4. Gammaspektroskopie
5. Varia

Aus der Vielfalt der wissenschaftlichen Disziplinen ist ersichtlich, daß die in vier Vortragstagen zu absolvierenden 185 Vorträge die Organisatoren vor eine große Aufgabe stellten, die sie trotz notwendiger Änderungen in zufriedenstellender Weise gelöst haben. Die Vorträge wurden in Englisch, Russisch, Französisch und Deutsch gehalten. Die Plenarvorträge und ein Teil der Kurzreferate wurden simultan in mehrere Sprachen übersetzt. Bei der Schwierigkeit der Übersetzung solch komplizierter Fachtexte war leider der Nutzen dieser vorzüglichen Einrichtung nicht immer groß.

Wenn man aus der Fülle des dargebotenen Stoffs, von dem man allerdings nur einen bestimmten Ausschnitt zu Gehör bekam, für die spektrochemische Analyse ein Fazit ziehen will, so ergeben sich etwa vier Entwicklungsrichtungen:

1. Die konventionellen Anregungsquellen der Spektralanalyse versucht man durch neue, intensivere und z. T. besser kontrollierte zu ersetzen bzw. zu ergänzen, nämlich durch den Niederspannungsfunken, den Plasmastrahl und den Laserstrahl.

2. Die Registrierung des erzeugten Signals wird vorwiegend lichtelektrisch vorgenommen, auch für Routineanalysen. Damit wird u. a. die Reproduzierbarkeit verbessert. Werden aber Platten verwendet, so wird durch Korrekturen mit modernen Rechengeräten der Plattenfehler möglichst klein gehalten.

3. Eine Reihe von Vorträgen befaßte sich mit den Einflüssen von Bindungsformen und Grundzusammensetzungen. Es wird z. B. versucht, durch Dünnschichtpräparation auf Kolloidfilter (Röntgenfluoreszenzanalyse) die Matrixeinflüsse zu eliminieren. Andererseits wurde der apparativtechnischen Seite Aufmerksamkeit geschenkt, die es ermöglicht, Aerosole und Lösungen konstant zur Anregung zu bringen.

4. Die technische Weiterentwicklung der optischen Geräte zur Erzeugung der Spektren und ihre Auswertung ist ebenfalls zu beachten. Besonders bemerkenswert ist ein von der Fa. Société Générale d'Optique Huet & Cie., Paris, entwickeltes Gitter, das anstelle des Spalts den Lichteintritt in den Spektrographen steuert. Es wird auf diese Weise eine größere Lichtausbeute bei gleicher Linienqualität und Auflösung erzielt. Vielleicht zeichnet sich hier ein neuer Weg für die Konstruktion von Spektrographen ab.

Eine allen Teilnehmern willkommene Unterbrechung der Vortragsfolge boten die am 2. 10. 1963 durchgeführten Exkursionen. Die Exkursion zum Institut für Kernforschung „Boris Kidric", Vinca, fand dabei das größere Interesse und wurde auch von den meisten DDR-Wissenschaftlern wahrgenommen. Man hat in dankenswert offener Weise die Laboratorien und apparativen Einrichtungen gezeigt und deren Arbeitsweise demonstriert. Es gab Gelegenheit, den größeren der beiden Kernreaktoren zu besichtigen und seinen Aufbau kennenzulernen. Er arbeitet mit ca. 100 kg Uran, benötigt 6 t schweres Wasser und leistet max. 10 MW. In einem Laborgebäude für sogenannte heiße Laboratorien erregte u. a. die enorme Steuerungs- und Sicherungsanlage besondere Aufmerksamkeit.

Der weitere Verlauf der Exkursionen führte durch einen Teil Serbiens, vorbei an dem Dorf Orašac, von dem vor etwa 160 Jahren der erste Aufstand gegen die fast 5 Jahrhunderte währende Herrschaft der Türken ausging.

Die am Rande der Tagung geführten Aussprachen waren sehr anregend, da die Möglichkeit bestand, mit bedeutenden Fachexperten ins Gespräch zu kommen. Auf diese Art wurde man über die modernsten Arbeitsrichtungen informiert und erhielt einen Einblick in die Forschungstätigkeit bekannter wissenschaftlicher Institutionen und Industrielaboratorien.

Aus verschiedenen Gesprächen ergab sich auch das ernsthafte Interesse an den im ZGI, Berlin, hergestellten Standardgesteinssubstanzen. Über die bereits beteiligten Laboratorien (VR Bulgarien, VR Ungarn, ČSSR, UdSSR, VR Polen) hinaus erklärten sich Wissenschaftler aus Belgrad sowie Frau Prof. Hahn-Weinheimer, München, und Prof. Rusanow, Moskau, zur Mitarbeit an der Analysierung bereit.

Zusammenfassend ist zu sagen, daß das XI. Colloquium Spectroscopicum Internationale in vielerlei Hinsicht als erfolgreich zu bezeichnen ist. Bei der schnellen Weiterentwicklung der einzelnen wissenschaftlichen Disziplinen wird es von Jahr zu Jahr schwieriger, in einer geschlossenen Vortragsfolge einen Überblick über ein so weit verzweigtes Gebiet der Naturwissenschaften zu geben. Die Betreuung der Teilnehmer durch das Tagungsbüro war ausgezeichnet und die Bemühungen des Exekutivkomitees, besonders des Generalsekretärs, Dr. Vladimir Vukanović, den Tagungsablauf reibungslos zu gestalten, werden allen ausländischen Gästen in dankbarer Erinnerung bleiben.

Rolf Schindler

Besprechungen und Referate

Routhier, P.

Erzlagerstättenkunde, Geologie und Erkundungsprinzipien

„Masson & Cie.", 2 Bde., Paris 1963, 1282 S., 411 Fig., 40 Taf., 11 Beil., 244 Fr.

Diese Lagerstättenkunde geht neue und eigene Wege. Sie stellt eine Besonderheit dar, die nicht genug beachtet werden kann. Der Verfasser ist Professor für Angewandte Geologie an der Universität Paris. Auf Grund seiner sehr umfassenden Erfahrungen ist es ihm gelungen, mit Erfolg neue Gesichtspunkte mit einem Maximum von alten Hypothesen und der klassischen Lagerstättenklassifikation auf genetischer Grundlage im Sinne Lindgrens, Nigglis und Schneiderhöhns zur Anwendung zu bringen. Damit liefert dieses Werk einen sehr positiven Beitrag zur Überwindung des Krisenzustandes, in dem sich die Lagerstättenkunde zur Zeit befindet.

Wir alle wissen, daß die Lagerstätteneinteilung auf genetischer Grundlage, wie sie zuletzt von Schneiderhöhn erarbeitet wurde, nur ein Fall von vielen Möglichkeiten der genetischen Lagerstättengruppierung und -klassifizierung sein kann. Schneiderhöhn selbst hat dies in den letzten Jahrzehnten seiner Forschungstätigkeit empfunden und hat nach Wegen gesucht, hier eine Erweiterung seiner eigenen Lagerstätteneinteilung zu erreichen. Routhier hat diese Tatsache dadurch zu überwinden gesucht, daß er zunächst entsprechend der Einteilung der allgemeinen Geologie in den exogenen Kreislauf und den endogenen Kreislauf in 2 Hauptkapiteln Kriterien für die Möglichkeit der Lagerstättenbildung und der dabei auftretenden Mineralisationsvorgänge in diesen beiden Kreisläufen beschreibt. Wir finden in einem Kapitel die sich an der Oberfläche der Lithosphäre bildenden Konzentrationen beschrieben. Die durch exogene Einflüsse bedingten Veränderungen und Neubildungen von Gesteinen und Mineralisationen, der eiserne Hut und die Zementationszone, detritische Lagerstätten, Eisen und Mangan marinen Ursprungs in ihren Konzentrationslagerstätten, die Lagerstätten des Schwefelkreislaufes und andere Mineralisationen, die auf chemischem und biologischem Wege entstehen, werden im allgemeinen Milieu der lithologischen und sedimentären Bildungen hierzu genauestens charakterisiert.

In dem Kapitel über die Konzentrationen, die sich innerhalb der Lithosphäre gebildet haben, werden die an normale Granite geknüpften Mineralisationen, deren zonare Abfolgen, die pyrometasomatischen Mineralisationen, die Mineralisationen der Abfolgen extrem kieselsaurer Gesteine, die Mineralisationen der an Plutone geknüpften hydrothermalen Bildungen ebenso wie die der Pegmatite, die an Granite geknüpft sind, abgehandelt. Weiterhin werden die begleitenden Mineralisationen der Alkaligesteine und der umstrittenen karbonatischen magmatischen Gesteine, dann die Mineralisationen, die an Vulkanismus und Subvulkanismus, ebenso wie die Mineralisationen, die an basische und ultrabasische Gesteinsbildungen geknüpft sind, besprochen. Die Zusammenhänge zwischen Mineralisation und Tektonik und schließlich Kontroll- und Leitbildungen, die strukturell bedingt sind, werden im Zusammenhang mit den modernen Theorien über die Bildungen von endogenen Lagerstätten diskutiert. Das Ergebnis dieser beiden Kapitel ist die Herausarbeitung von Lagerstättentypen. Nach einer Begriffsbestimmung, was man unter Lagerstättentypen versteht, werden diese in Tafeln bzw. Tabellen bezüglich ihrer Grundzüge abgehandelt. Hierzu werden entsprechend den einzelnen Elementen Metalle und Nichtmetalle unter Verwendung bestimmter Leitmetalle in den geochemischen Kreisläufen als Gerüst für die Einteilung ausgewählt und von ihnen die Hauptlagerstättentypen in ihrer genetischen Beziehung beschrieben und Beispiele von umfassend vielen Lagerstätten gebracht. Die wichtigste Literatur neuesten Datums wird dabei immer angeführt, so daß man sich überzeugen kann, daß hier eine sehr intensive und weitgespannte systematische Vorarbeit geleistet wurde, auf Grund der das ganze System aufgebaut ist.

Dieses System hat den Vorteil, daß es sich gut mit den folgenden Kapiteln, die sich mit angewandten Fragen, wie Prospektion und Abbau, befassen, verbinden läßt. Damit ist dieses Werk im wahrsten Sinne des Wortes eine angewandte Lagerstättenkunde, die auf Grund ihrer geistreichen Behandlung des Stoffes viele Anregungen vermitteln wird. Zunächst wird die Prospektion definiert, dann die Beziehung zwischen Prospektion und Abbau erläutert. Praktische und wissenschaftliche Fragen, die bei der Prospektion und bei der Dokumentation auftreten, werden behandelt, wobei die Beziehungen zwischen Erkundungsgeologen und Montangeologen erläutert werden. Als solche seien u. a. genannt: die Frage nach den Leitmineralen für die Lagerstättensuche, Beziehungen zwischen hydrothermalen Bildungen und Veränderungen des Nebengesteins und ihre Ausnutzung für den Erkundungsgeologen, verschiedene Arten der Prospektion, wie solche in Lockergesteinen und in Felsgesteinen, Grundlagen und Methoden der geochemischen Prospektion ebenso wie die geophysikalischer Verfahren der Erzprospektion werden in ihren Beziehungen zu der entwickelten Lagerstättenklassifikation eingehend gegenüberstellend behandelt. Über die Erkundungsetappen wird sehr ausführlich geschrieben, wobei die Untersuchungen im Rahmen einer metallogenetischen Analyse von Gebieten und anderes mehr besonders berücksichtigt werden. Als Beispiel wird hier u. a. eine metallogenetische Karte von Afrika gebracht.

Das Werk stellt nicht nur für den Geologiestudenten, sondern für die bereits in der Erkundung stehenden Lagerstättengeologen und auch für Bergingenieure und für alle Kreise, die sich mit Lagerstättenerkundung befassen, eine besondere Bereicherung dar. Das modernste Material und die neuesten Erkenntnisse, sowohl der östlichen als auch der westlichen Länder, sind hier in umfassender Weise großzügig verarbeitet worden, und man kann nur wünschen, daß dieses Buch eine möglichst weite Verbreitung erfährt.

E. Kautzsch

Grabowsky, M. A. & O. N. Scherdenko

Die Untersuchung von Erzmineralien mit Hilfe der Magnetpulver-Methode

„Geol. rud. mest.", Bd. 5 (1963), Nr. 1, S. 99–105

In ihrer methodisch-experimentellen Arbeit, deren Ergebnisse durch eine Reihe interessanter Mikrophotos illustriert werden, beschreiben Verf. den gelungenen Versuch, die aus der Metallurgie bekannte Methode der Untersuchung polierter Metalle mittels magnetischer Pulver auf das Studium von Erzanschliffen zu übertragen.

Prinzipiell geht es bei diesem Verfahren um folgendes: Auf die polierte Schliffoberfläche wird in Form einer Emulsion sehr feines ferromagnetisches Pulver ($\gamma\ Fe_2O_3$), wie es bei der Herstellung von Tonbändern verwendet wird, aufgetragen. Entsprechend den magnetischen Eigenschaften des betreffenden Minerals setzt sich das emulgierte magnetische Pulver verschieden schnell und in unterschiedlichen Mengen ab. Dadurch werden Kornform, Verwachsungsverhältnisse, Deformationserscheinungen usw. auch in solchen Fällen deutlich sichtbar, in denen sich die optischen Eigenschaften der ihrem magnetischen Verhalten nach verschiedenen Minerale nur sehr wenig unterscheiden.

Die Methode wurde von den Autoren an Schliffen erprobt, die ferromagnetische Eisenoxyde (Magnetit, Maghemit, Musketoffit), Titanomagnetite, natürliche Ferrite (Magnomagnetit, Jakobsit, Franklinit), Chromite, Spinelle, Minerale der Platingruppe, Magnetkiese, Kubanit, Minerale der Wolframitgruppe u. a. enthielten. Dabei erwies sich das Pulververfahren als ein einfaches und außerordentlich wertvolles Hilfsmittel bei der Diagnose und Untersuchung von Mineralen mit sehr ähnlichen optischen, aber unterschiedlichen magnetischen Eigenschaften.

In der Arbeit werden die Methode und die Ergebnisse der durchgeführten Untersuchungen eingehend beschrieben. An der Verfeinerung und Erweiterung der Magnetpulver-Methode wird gearbeitet.

Harlass

Snarskij, A. N.

Die geologische Betreuung beim Bohren von Erdöl und Erdgas

„Schr.-R. prakt. Geol.", Bd. 6, Akad.-Verl., Berlin 1963, 203 S., 80 Abb., 26 Tab., 22,50 DM

Das vorliegende Werk des Verf. reiht sich in die Veröffentlichungen der „Schriftenreihe des praktischen Geologen" ein, die sich mit den Problemen von Erdöl und Erdgas befassen. Unter der Voraussetzung einer gründlichen Kenntnis der Erdölgeologie und der Bohrlochgeophysik bringt es eine komplette Übersicht über die geologischen Arbeiten vom Entwurf der Bohrlochkonstruktion über den gesamten Bohrprozeß bis zum Testen der Sonde und zum Lagerstättenschutz.

Diesen Fragen sind zehn Kapitel des Buches gewidmet, deren Abhandlungen aufgebaut sind auf der gründlichen Sachkenntnis des Verf., aber auch auf der insentiven Auswertung des wichtigsten Erfahrungsmaterials, das die Gelehrten der Sowjetunion auf diesem Sektor zusammentragen konnten. Die Kapitel führen an sich nichts überraschend Neues an, bringen aber eine wohltuend wissenschaftliche Vertiefung und eine gründliche Durchdringung jeder einzelnen Teilfrage und jedes gesamten Fragenkomplexes.

Besonderer Nachdruck liegt auf den Ausführungen des 11. Kapitels, in denen A. N. Snarskij „die geologische Bearbeitung der durch Bohrungen erhaltenen Unterlagen" auf 40 Seiten behandelt. Die Ausführung von Schnitten, Korrelationskarten, Strukturkarten verschiedener Arten und Maßstäbe wird eingehend erläutert und demonstriert.

So erlangt dieses Buch, das dem Titel nach der erdölgeologischen Arbeit zugedacht ist, eine Allgemeingültigkeit, die weit über diesen Interessentenkreis hinausreichen dürfte. Alle Fachleute, die mit Bohrungen, ihrer Betreuung, Kontrolle und Auswertung zu tun haben, können hier eine Fülle von Anregungen und Hinweisen, Methoden und grundsätzlichen Erläuterungen finden, die dazu angetan sind, ihnen die Arbeit zu erleichtern, den Erfolg zu sichern und die Qualität zu verbessern.

K. Kauter

Dott, R. H. jr.

Dynamics of subaqueous gravity depositional processes

„Bull. Amer. Ass. Petrol. Geol.", Tulsa, **47** (1963), 1, S. 104–128, 19 Abb., 3 Tab.

Tonreiche Sedimente haben die höchste Kohäsion und größte Scherfestigkeit, grobe Ablagerungen sind ohne Kohäsion, erreichen aber eine gewisse Stabilität durch das Gewicht der groben Körner, feine Sande und Schluffe sind am wenigsten stabil, es sind metastabile Packungen. Hydrostatischer Porendruck setzt deren Scherfestigkeit stark herab, sie können schon bei kleinen Impulsen auf sehr flachen Hängen von $^1/_2$ Grad fließen. In Gebieten rascher Sedimentation sind solche Erscheinungen häufig. Der Autor beschreibt den Unterschied zwischen plastischem und viskosem Fließen, besonders wichtig ist dabei die Fließgrenze, bei der spontane Verflüssigung eintreten kann mit stark beweglichen Suspensionen. Initialimpulse liefern Überlagerung, Erdbeben, Meereswellen, Gezeiten; Trübeströme können durch solche Massenbewegungen entstehen, aber auch durch schlammführende Flüsse. Wiederholt graduierte Schichtung, verfrachtete Organismen oder Grobmaterial sind beste Kriterien für solche Trübeströme.

Meinhold

RUDAKOV, G. V.

Über die regionalen Qualitätsunterschiede der Erdöle verschiedener Erdölgebiete und ihren Zusammenhang mit der Erdölgewinnung

„Petrol şi Gaze", Bukarest, **14** (1963), 2, S. 57–59

Untersucht wurden Öle aus dem Wolga-Ural-Gebiet und von Apscheron auf den Gehalt an Asphalen und Harzen (neutrale und Säureharze) und der Zusammenhang mit der Dichte der Öle. Es zeigt sich, daß die schwefelhaltigen Öle des Wolga-Ural-Gebietes eine abweichende funktionelle Beziehung haben; innerhalb der Gruppen besteht aber ein enger Zusammenhang zwischen Harzgehalt und Dichte. Entsprechende Funktionen bestehen dann auch für die davon abhängigen physikalischen Größen Viskosität und Oberflächenspannung. Sie beeinflussen weitgehend die Abbauverfahren in den verschiedenen Gebieten. MEINHOLD

SNARSKIJ, A. N.

Suche und Erkundung von Erdöl- und Erdgaslagerstätten

„Schr.-R. prakt. Geol.", Bd. 7, Akademie-Verlag 1963, 266 S., 13 Abb., 27 Tab., 27,— DM

Die Such- und Erkundungsarbeiten für Erdöl- und Erdgaslagerstätten werden immer komplizierter und immer kostspieliger. Erfolgreiche und wirtschaftlich vertretbare Bemühungen auf diesem Gebiet haben die genaue Kenntnis aller Lagerstättenbildungsbedingungen und aller Methoden zur Voraussetzung, mit denen solche mineralischen Rohstoffe aufgefunden werden können.

Schon lange ist die Erdölsuche aus dem „Wildkatzenstadium" herausgetreten und zu einer ernsten Wissenschaft geworden, in der geophysikalische, geochemische und geobiologische Elemente unter der Leitung der Geologie zur „Erdölgeologie" zusammenfließen.

Der junge Staat Deutsche Demokratische Republik hatte bis vor kurzem noch wenig Möglichkeit und Gelegenheit, diesen wichtigen Wissenszweig den modernen Erfordernissen entsprechend zu entwickeln. Im Zeichen brüderlicher Hilfe übernahm es der sowjetische Gelehrte N. A. SNARSKIJ, in Gastvorlesungen an der Bergakademie, Freiberg (Sa.), die jungen Wissenschaftler auf diesem Gebiet heranzubilden. Die vorliegende Arbeit entspricht einer Vorlesung, die als Grundlage für die Ausbildung unserer Erdölgeologen diente. Entsprechend dem Charakter der „Schriftenreihe des praktischen Geologen" sind die Ausführungen als ein Vademecum gehalten für die in der Praxis tätigen Geologen, in gewissem Maße auch für Geophysiker und für Studenten.

Deshalb liegt der Nachdruck dieser Ausführungen weniger auf einer Schilderung von dem Erkundungsverlauf bei vielen einzelnen Erdöllagerstätten der Welt als vielmehr bei der Methodik und bei der Systematisierung. Ganz klar werden die Voraussetzungen für die Durchführung von Sucharbeiten und von Erkundungsarbeiten auf Erdöl und Erdgas gekennzeichnet, die einzeln einander ablösenden Stadien fixiert und die entsprechenden Methoden genannt. Ihrer Bewertung und der Auswertung ihrer Ergebnisse wird ein breiter Raum gewährt, die Konstruktion von Karten und Schnitten mit großer Gründlichkeit aufgezeigt. Dabei steht häufig den Berichten und Erörterungen das Beispiel aus der Praxis in Abbildungen gegenüber.

So entstand ein Werk, das auf dem gedrängten Raum der Veröffentlichungen dieser Schriftenreihe ein konzentriertes Wissen über den umfangreichen Komplex erdölgeologischer Such- und Erkundungsarbeiten gibt. Es ist übersichtlich gegliedert. In der Hand des Fachmanns und des Lernenden stellt es ein lang ersehntes und unentbehrliches Hilfsmittel für eine erfolgversprechende Arbeit dar. K. KAUTER

BITTERLI, P.

Aspects of the genesis of bituminous rock sequences

„Geologie en Mijnbouw", Bd. 42, Den Haag 1963, H. 6, S. 181–201

Aus den Ergebnissen von 150 Analysen bituminöser Gesteine kambrischen bis pliozänen Alters ergibt sich, daß praktisch alle feinkörnigen Gesteine bituminöse Sedimente bilden können. Besonders günstige Bildungsbedingungen herrschten an den paläogeographischen Wendepunkten: Transgressionen, Regressionen, Hebungen und Senkungen. In solchen Zeiten wird entweder die Planktonvermehrung gefördert, oder es treten stagnierende Wasserbecken auf. Viele Schichten mit bituminösen Gesteinen zeigen daher Übergangscharakter. Brackische und limnische Ablagerungen enthalten mehr bituminöse Substanzen als marine. Auf Grund der Ablagerungsbedingungen entstehen 3 Typen von Ablagerungsfolgen: zyklische, kontinuierlich-homogene und komplexe. Beispiele dafür werden angeführt, außerdem wird versucht, die bituminösen Ablagerungen in die Beckentypen einzuordnen. R. MEINHOLD

BÖKE, E.

Rupturen in Kreide und Karbon am Südrand des Kreidebeckens von Münster

„Forsch.-Ber. d. L. Nordrhein-Westfalen", Nr. 1315, Westdeutscher Verl. Köln und Opladen 1963, 58 S., 40 Abb., 2 Tab., 26.— DM

Für den Südrand des Kreidebeckens von Münster zwischen Bochum und Werl wurde die Abhängigkeit des Kluftnetzes in den Kreideablagerungen von den Rupturen des karbonischen Untergrunds untersucht.

Die auf Grund vieler Messungen in Aufschlüssen über und unter Tage gewonnenen Kluftdiagramme zeigten, daß die Kluftsysteme in der Kreide abhängig sind von den Rupturelementen des karbonischen Untergrunds. Vorherrschend ist die NW—SE-Richtung entwickelt (Querelemente des variszischen Faltenbaues). Schwächer tritt WNW—ESE-Richtung hervor (Diagonalelemente). Zu diesen auf Untergrundrupturen fußenden Klüften („Primärscharen") reißen mehr oder weniger senkrecht Gegenrichtungen („Sekundärscharen") auf, die nur indirekt von den vorgezeichneten Schwächelinien im Untergrund abhängen. Zuerst werden die an NW—SE-Rupturen des Untergrunds gebundenen Deckgebirgsklüfte entstanden sein; denn erst dadurch wurde die Voraussetzung für das Aufreißen der Gegenscharen („Sekundärklüfte") geschaffen.

Bei der Transgression des Kreidemeeres hat eine großräumige Senkung des überfluteten Untergrunds stattgefunden. Dabei wurde der sich schüsselartig eindellende Sedimentationsraum gedehnt. Bei der Absenkung wird vorwiegend mit vertikalen Bewegungen ohne seitliche Einengung gerechnet. Die Dehnung des Kreidematerials führte zur Bruchbildung.

Die ersten Kluftrisse gingen von der Kreidebasis aus, als die Sedimentationsdecke bereits diagenetisch verfestigt war. Mit zunehmender Trogverbiegung und Sedimentation pflanzten sich die Klüfte, indem sie nun ihrerseits, wie anfänglich die Karbonrupturen, Schwächezonen bildeten, in den oberen Teil der Kreideschichten fort.

Mit Abschluß der Sedimentation und Ausklingen des Senkungsvorgangs ist die Kluftbildung wohl im wesentlichen abgeschlossen. Ein Einfluß orogener postkretazischer Bewegungen auf die Klüfte der Kreideablagerungen konnte innerhalb des Untersuchungsgebiets nicht festgestellt werden; die Klüftung im Deckgebirge wird allein auf synepirogene Zerrungen zurückgeführt.

Zahlreiche Fotografien, Zeichnungen und Kluftdiagramme dienen der Veranschaulichung der Untersuchungsergebnisse. I. DIENER

BARTH, T. F. W.

Theoretical Petrology, a textbook on the origin and the evolution of rocks

John Wiley & Sons, 2. Aufl., XII, New York u. London 1963, 416 S., 159 Abb., 66 Tab. geb., 96.— sh

T. F. W. BARTH, einer der zahlreichen führenden Petrologen, der aus dem skandinavischen Raum hervorgegangen ist, gibt in seinem Buch eine zusammenfassende Darstellung der modernen Erkenntnisse über Herkunft und Werdegang der Gesteine, vor allem der Metamorphite und Magmatite, dem speziellen Arbeitsgebiet des Forschers. Der Autor betont besonders die Bedeutung des physiko-chemischen Denkens und der Auswertung experimenteller Daten, die in Laboratorien gewonnen wurden, neben Beobachtungen am Objekt, dem Gestein selbst.

Am Rande werden im Rahmen der Gesteinsgenese auch einzelne Seiten der Genese von Lagerstätten, wie z. B. von intramagmatischen Lagerstätten und Skarnlagerstätten, behandelt. Jedem im Grundgebirge arbeitenden Geologen oder Mineralogen ist das Studium dieses Buches dringend zu empfehlen. T. KAEMMEL

DÉFOSSEZ, M.

Contribution à l'étude géologique et hydrogéologique de la boucle du Niger

„Memoires du Bureau de Recherches Géologiques et Minières", Nr. 13, Paris 1962

Zwei Drittel des Textes der Arbeit beschäftigen sich mit der Geologie des untersuchten Gebiets, der Rest mit den hydrogeologischen Verhältnissen. Dagegen sind die zahlreichen und vorzüglichen Anlagen mit Ausnahme der geologischen Grundkarte 1:500000 sämtlich der Hydrogeologie gewidmet. Sie sind, abgesehen von den hydrogeologischen Deckpausen zur geologischen Grundkarte, Teile des Katalogs für die Inventur der Grundwasservorräte, die von der Direction Fédérale des Mines et de la Géologie de l'A. O. F. (frühere Bundesdirektion für Bergbau und Geologie von Französisch-West-Afrika) begonnen wurde. Es werden Säulenprofile einzelner Bohrungen, SCHLUMBERGER-Diagramme, Verzeichnisse der Wasserstellen mit genauer Fundortangabe und der chemischen Beschaffenheit der Wässer gebracht.

Der Autor untersuchte die südlich des Nigerbogens gelegenen Landschaften Gourma und Gondo, die also südöstlich von Timbuktu und südwestlich von Gao im Norden, Westen und Osten vom Tal des Niger und im Süden von Massiven des metamorph-kristallinen Sockels begrenzt werden. In den Ebenen von Gourma, die etwa 250 bis 300 m über NN liegen, gibt es wegen der geringen Niederschläge kein fließendes Wasser, während in Gondo, wo vom Juni bis Oktober 670 mm Regen fallen, von denen im Juni und Oktober $^1/_6$ sofort wieder verdunstet, der Sourou fließt, an dessen Mündung in den Volta ein Schleusensystem errichtet werden soll, um die Alluvialebenen des Voltatales zu bewässern. Die Grundwasserspiegel beider Landschaften werden vorwiegend aus den großen Flußtälern gespeist, während sie die Niederschläge infolge der starken Verdunstung von über 1 cm pro Tag kaum beeinflussen können.

Unter einem dünnen Schleier von jugendlichen Ablagerungen und toten Dünen tritt nur selten das mehr oder weniger metamorphosierte Grundgebirge in Form von Chloritschiefern, Glimmerschiefern, quarzitischen Sandsteinen und Dolomiten zutage. Über dem Birrimian lagert das in mehrere Unterabteilungen eingeteilte Nigerian, das vom Kambrium, Ordovizium und jungen kontinentalen Ablagerungen überdeckt ist.

Auf die Darstellungen des Autors über rezente und fossile Verkieselungsvorgänge (Seite 75—80) sei besonders hingewiesen. Rezente Verkieselungen konnten an quarzitischen Sandsteinen, Arkosesandsteinen, eisenhaltigen Sandsteinen, Konglomeraten und dolomitischen Kalksteinen weit verbreitet beobachtet werden. E. LANGE

LARIONOW, W. W.

Kerngeologie und Kerngeophysik

Gostoptechisdat, Moskau 1963, 352 S., 25 Tab., 117 Abb., 88 Lit.

In den letzten Jahren sind die qualitativen und quantitativen Anforderungen an die geologischen Erkundungsarbeiten bedeutend gestiegen. Nur die Einführung äußerst wirkungsvoller geochemischer und geophysikalischer Methoden der Erkundung konnten ihnen genügen. Neue Erkundungsmethoden, die vor allem die kernphysikalischen Eigenschaften der Gesteine einbezogen, waren erforderlich. Hierzu gehören: Methoden der radiometrischen Elementanalysen von Gesteinen, Methoden der Radiometrie in Bohrungen, aeroradiometrische Kartierung, Massen-Spektralanalyse der Gesteine und radiometrische Methoden der Bestimmung des absoluten Gesteinsalters. Sie basieren auf der Bestimmung der kernphysikalischen Eigenschaften gesteinsbildender Elemente und Minerale.

Vorliegendes Buch vermittelt den Geologen der Praxis, dem ingenieurtechnischen Personal der geologischen und geophysikalischen Erkundungsbetriebe einen Einblick in diesen Problemkreis. In leicht verständlicher Form werden dem Leser die physikalischen Grundlagen solcher Methoden vermittelt.

Nach einem allgemeinen Überblick über die physikalischen Eigenschaften der natürlichen und künstlichen Radioaktivität wird die in der UdSSR angewandte radiometrische Apparatur beschrieben. Es wird auf ihre Etalonierung sowie auf statistische Fehler bei radiometrischen Messungen eingegangen.

Bei der Beschreibung von Labormethoden zur Bestimmung der Radioaktivität der Gesteine beschränkt sich Verf. im wesentlichen auf verschiedene Modifikationen der Bestimmung des Uran- und Thoriumgehaltes sowie des radioaktiven Kaliumisotops im Gestein. Es folgen Grundlagen der Geochemie des Urans, des Thoriums und anderer radioaktiver Elemente, Ausführungen über die Verbreitung radioaktiver Elemente in der Erdrinde sowie ein kurzer Abriß der Lagerstättentypen des Urans.

Den radiometrischen Methoden zur Erkundung und Suche von Bodenschätzen hätte ein größeres Augenmerk zuteil werden können. Ebenfalls recht knapp wird die Anwendbarkeit der radiometrischen Kartierung in der Erdölgeologie behandelt, etwas ausführlicher die Elementanalyse von Gesteinen, doch muß auch hier darauf hingewiesen werden, daß trotz des Umfangs dem Leser nur Grundlagen vermittelt werden. Die Methoden: Aktivierungsanalyse, Neutronenanalyse, Gamma-Spektroskopie, Photoneutronenanalyse und Massen-Spektroskopie werden nur recht populär erläutert.

Den Abschluß dieses Buches bilden Ausführungen über die Bestimmung des absoluten Alters der Minerale und Gesteine sowie über die Rolle der Kernprozesse in der Entwicklungsgeschichte der Erde.

Es darf von diesem Werk nicht etwas wesentlich Neues erwartet werden, jedoch bildet es für alle Interessenten eine annehmbare Grundlage für weitere tiefergreifende Studien. K. BENDZKO

FILIPPOW, E. M.

Angewandte Kerngeophysik

Verl. Akad. Wiss. UdSSR, Moskau 1962, 580 S., 372 Abb., 27 Tab., 11 Anl.

Zum ersten Mal wird in der UdSSR ein derart umfassendes Werk über die in der Geologie und Geophysik angewandten radioaktiven Methoden veröffentlicht. Das Werk ist in sieben Teile untergliedert.

I. Physikalische und geologische Grundlagen der in der Geophysik angewandten radioaktiven Methoden

Es werden die Grundlagen der Kernphysik, die natürlichen und künstlichen Strahlungsquellen, die Eigenschaften von Neutronen, die Wechselwirkung zwischen α-, β- und γ-Strahlung und der Materie, die Eigenschaften der Gesteine bei Bestrahlung verschiedenartiger Natur, bei dem Vorhandensein der natürlichen Radioaktivität und bei Einwirkung der kosmischen Strahlung dargelegt.

II. Strahlungsindikatoren und die dazugehörige Apparatur

Verschiedene Meßverfahren werden erklärt. Es werden radiometrische Geräte beschrieben, die zu verschiedenen Zwecken ihre Anwendung finden. Außerdem werden Fehlerquellen, die durch den Charakter der Strahlung oder durch die Apparatur hervorgerufen werden, betrachtet.

III. Labormethoden

Hier wird die Methodik der Dichtebestimmung von Gesteinen und Erzen dargelegt. Es werden Methoden, bei denen γ- und n-Strahlungsquellen Anwendung finden, zur Bestimmung verschiedener in Gesteinen und Erzen enthaltenen Elemente angeführt. Diese Methoden weisen gegenüber den üblichen folgende Vorteile auf: Schnelligkeit, Einfachheit und Genauigkeit. Dabei können die Untersuchungen bei unzerstörter Substanz ausgeführt werden. Besondere Aufmerksamkeit wird in diesem Teil den Fragen der Analyse von Stoffbestandteilen der Gesteinsproben, Erze und Erzkomponenten zuteil.

IV. Feldmeßverfahren

Die Anwendung von Strahlungsquellen auf dem Meßfeld bei der Erforschung von Eigenschaften der Gesteine und des Bodens, aber auch von Eigenschaften der Gesteine und Erze in Aufschlüssen und Schächten wird behandelt. Die Anwendung der radioaktiven Strahlung auf dem Meßfeld zur Bestimmung von Dichte und Feuchtigkeitsgehalt der Gesteine und des Bodens hat in der letzten Zeit zu beachtlichen Resultaten geführt.

V. Bohrlochmeßverfahren

Es werden behandelt: $\gamma-\gamma$-Log, $n-\gamma$-Log, $n-n$-Log, $\gamma-n$-Log, Methode der induzierten Aktivität und einige andere neue Methoden. Die Erforschung der stofflichen Zusammensetzung von Gesteinen und Erzen mit Hilfe verschiedenartiger radioaktiver Methoden ist eine der erstrangigen Aufgaben der Bohrlochgeophysik, welche ein kernfreies Bohren in den Bereich des Möglichen rückt.

VI. Die Modellierung von Aufgaben der angewandten Kerngeophysik nach dem Ähnlichkeitsprinzip

Dieser Teil wurde von SCH. A. GUBERMAN verfaßt und ist ein Teil seiner Broschüre „Die Ähnlichkeitstheorie und die Radiometrie von Bohrlöchern". Als Ursache für die bisher noch undurchführbare quantitative Interpretation von Meßergebnissen führt der Autor die niedrige Effektivität der Meßergebnisse, das mangelhafte Auflösungsvermögen der Meßapparatur und die Unvollständigkeit der Methodik der Interpretation an. Darum ist die Entwicklung der quantitativen Interpretationsmethoden der Kerngeophysik mit Hilfe der Modellierung zu einer vorrangigen Aufgabe herangewachsen.

VII. Grundlagen der Sicherheitstechnik

In diesem Teil werden einzelne Fragen der Dosimetrie von Strahlungen sowie Fragen des Strahlenschutzes bei verschiedenen Strahlungsarten behandelt.

Dem Gesamtwerk ist ein umfangreiches statistisches Material beigefügt worden. K. BENDZKO

KLEBER, W.

Kristallchemie

Verl.-Ges. B. G. Teubner, R. math.-naturwiss. Bibl., Leipzig 1963, 128 S., 61 Abb., 20 Tab., 9,30 DM

Dieses klar gegliederte und logisch aufgebaute Buch von Prof. KLEBER gibt einen Überblick über Entwicklungsstand und Probleme der modernen Kristallchemie. Dem Mineralogen, Silikathüttenkundler, Metallurgen, Chemiker und Physiker wird unter Betonung der Korrespondenz zwischen Struktur und Bauverbänden die Kristallchemie mit interessanten und z. T. neuen Akzenten versehen dargeboten.

Daß auf den vorliegenden 128 Seiten nur die Kristallchemie im engeren Sinne behandelt werden konnte, ist verständlich. Es wird durchaus als richtig empfunden, wenn bestimmte zur Strukturlehre und Kristallphysik gehörende Gebiete, die in der Fachliteratur und nicht zuletzt in der von Prof. AMSTUTZ als „Meisterwerk auf dem Gebiet der Mineralogie" bezeichneten „Einführung in die Kristallographie" KLEBERS enthalten sind, hier nicht wiederholt werden. Der Verf. weist in seinem Vorwort darauf hin, daß das Thema im wesentlichen vom geometrischen Standpunkt aus behandelt worden ist.

Auf etwa 50 Seiten wird das Prinzip der Kugelpackungen an zahlreichen Beispielen erläutert. U. a. wird — wie schon länger in der organischen Chemie — in einem besonderen Abschnitt auf die Darstellung der Raumerfüllung (bei kovalenter Bindung) in Form von Kalottenmodellen eingegangen. In knapper, auf das Wesentliche bedachter Darstellungsweise werden auf 60 Seiten in weiteren drei Kapiteln Koordinationspolyeder, Gitterenergie und Bauverbände besprochen.

Der Ableitung bzw. Definition der Atom-, Ionen- und Wirkungsradien folgt im Kapitel der Koordinationspolyeder die eingehende Darstellung kristallchemischer Bindungszustände. Organisch gliedern sich die Abhandlungen über Gitterenergie und Bauverbände an. Das Literaturverzeichnis (38) wird durch den Hinweis auf 24 Werke der Spezialliteratur ergänzt.

Das Buch bietet dem im weitesten Sinne mit der Festkörperanalyse Beschäftigten wertvolle Anregungen und bedeutet gerade in der vom Verfasser gewählten Konzeption eine Bereicherung der Fachliteratur. Es bleibt zu wünschen, daß bei einer zweiten Auflage die Ausstattung des Buches mit Kunstdruckpapier dem ansprechenden Inhalt gerecht wird. R. SCHINDLER

LANZEWIZKAJA, S., C. DADASCHEWA & M. ASUM-SADE

Leichte Zementschlämmen

„Aserbaidsch. neftj. chosj.", Nr. 2, Baku 1963, S. 16—18

Um hydraulische Rißbildungen u. ä. zu vermeiden, ist es in vielen Fällen notwendig, spezifisch leichte Zementschlämmen einzusetzen. Dazu wurden Untersuchungen mit folgender Aufgabenstellung durchgeführt: Anwendung von vulkanischem und sedimentärem Material, Möglichkeiten der Verringerung des spez. Gewichtes mit diesen Stoffen, Einfluß der Mahlfeinheit und des Drucks auf die physikalisch-mechanischen Eigenschaften der Schlämmen. Untersucht werden Tuffe, Bimsstein, Puzzolane, Diatomeenerde, Spongolit, geblähter Perlit und Tone. Das Wasser-Zement-Verhältnis wurde jeweils so gewählt, daß die Fließgrenze der Schlämme 17—18 cm betrug. Folgende Feststellungen wurden getroffen: Nicht alle Zusätze verringern das spez. Gewicht der Schlämme. Bei Zusätzen vulkanischen Ursprungs erfolgt die Verringerung des spez. Gewichts auf Grund der großen Menge von Leichtzusätzen und des zusätzlichen Wasserbedarfs. Die größten Effekte wurden bei Zusätzen von 4—10% geblähtem Perlit und 10% Askangel-Ton mit spez. Gewichten von 1,25 bis 1,56 g/cm³ erreicht. Bei Druckeinwirkung auf die Schlämmen wird das spez. Gewicht in Abhängigkeit der Art des Zusatzes erhöht. Die maximalen Effekte traten bei 200 atü auf. Die Abbindezeiten wurden durch die Zusätze verlängert, die Festigkeiten waren um 50—80% geringer, als in der GOST-Norm 1781—42 gefordert ist. Zusätze von NaCl, $CaCl_2$, gelöschtem Kalk und OKK (Äthyläther der Orthokieselsäure) bewirkten nur eine geringe Erhöhung der Festigkeit. Auf Grund ausländischer Erfahrungen wird der Rohrschuh mit normalem Portlandzement zementiert und der übrige Teil mit Leichtzement. K. SCHULZE

Neuerscheinungen und Literaturhinweise

Autorenkollektiv
Materialien zur Tektonik des Gebietes der unteren Wolga
Gostoptechisdat, Leningrad 1963, 262 S.

KARASSIK, M. A.
Fragen der natürlichen Klassifikation von postmagmatischen Erzfeldern
Verl. AN USSR, Kiew 1963, 265 S.

PACHOLKOW, W. D.
Statistik der geologischen Erkundungsarbeiten
Gosgeoltechisdat, Moskau 1962, 287 S.

PIERCE, W. G. & E. I. RICH
Summary of rock salt deposits in the United States as possible storage sites for radioaktive waste materials
Geol. Surv. Bull. 1148, Washington 1962, 91 S.

SCOTT, R. C. & F. B. BARKER
Data on uranium and radium in ground water in the United States, 1954 to 1957
Geol. Surv. Prof. Paper 426, Washington 1962, 115 S.

SULTANOW, S. A. & W. A. CHARKOW
Kontrolle des Vordringens des Wasser- und Erdölkontakts und der Konturen der Erdölführung
Gostoptechisdat, Moskau 1962, 166 S.

KOSTJANOI, M. G.
Ingenieurgeologische Besonderheiten der Tongesteine im Gebiet der Dislokationen von Kanew
Verl. AN USSR, Kiew 1963, 173 S.

Nachrichten und Informationen

Stanko Nikolow Tonew †

Einem tragischen Unglücksfall fiel am 22. Dezember 1963 der bulgarische Geologe Dr. STANKO NIKOLOW TONEW im Alter von 43 Jahren zum Opfer. Er wurde mitten aus einem schaffensreichen, ganz im Dienste der Geologie stehenden Leben gerissen. Sein Tod stellt für die bulgarische Geologie einen schweren Verlust dar.

Dr. TONEW war als Abteilungsleiter in der Geologischen Hauptverwaltung der VR Bulgarien maßgeblich an der Entdeckung und Erkundung zahlreicher Erzlagerstätten beteiligt, mit denen eine gute Basis für die schnelle Entwicklung der bulgarischen Schwerindustrie geschaffen wurde. Für seine Verdienste um die Erkundung und den Aufschluß der größten Eisenerzlagerstätte Bulgariens bei Kremikowsk nördlich von Sofia wurde ihm die hohe staatliche Auszeichnung des Dimitroff-Preises verliehen. Hervorragenden Anteil hatte STANKO TONEW weiter an der Erkundung der Kupfererzlagerstätten im bulgarischen Mittelgebirge. Während der letzten Jahre stellte STANKO TONEW seine umfassenden praktischen Kenntnisse als wissenschaftlicher Hauptmitarbeiter des Geologischen Zentralinstituts der Geologischen Hauptverwaltung in den Dienst der Vorbereitung neuer Such- und Erkundungsarbeiten.

Den Lesern der Zeitschrift für angewandte Geologie ist STANKO TONEW bekannt durch seinen Aufsatz im Heft 2/1964 über die Bodenschätze Bulgariens. Mit den Geologen der DDR verband ihn eine enge Zusammenarbeit im Rahmen der Ständigen Kommission für Geologie des RGW. Durch die gemeinsame Arbeit auf verschiedenen Beratungen und auch durch seinen Besuch in der DDR im Mai vergangenen Jahres anläßlich der 10. Jahrestagung der Geologischen Gesellschaft in der DDR hatte sich ein enges und herzliches Verhältnis entwickelt. Durch seine offene und aufgeschlossene Art, die auch sprachliche Verständigungsschwierigkeiten schnell überwinden ließ, war er uns zu einem Freund geworden, dessen viel zu früher Tod eine schmerzliche Lücke hinterläßt. Wir werden STANKO TONEW stets ein ehrendes Gedenken bewahren. H. HETZER.

Erdöl/Erdgas

Erdöl und Erdgas in der UdSSR

Das Jahr 1964 begann in der UdSSR mit der Feststellung, daß die Erdölproduktion im abgelaufenen Jahr die 200-Mill.-t-Grenze überschritten hat. 1963 wurden 206 Mill. t Erdöl gefördert. Die Produktion von 1962, die sich auf 186 Mill. t belief, wurde demnach mit 20 Mill. t um rund 10,8% übertroffen. In den nächsten Jahren soll sich dieser Anstieg auf jährlich 25—30 Mill. t erhöhen, was nach dem Erfolg von 1963 mit hoher Wahrscheinlichkeit zu erwarten ist.

Die Steigerungsraten der Erdgasproduktion liegen noch höher. 1963 brachte eine Zunahme von 22%, und in Zukunft soll die Produktion jährlich um 30—35 Mrd. m³ anwachsen.

Diese Fortschritte sind ebenso wie die bisherigen einer ausgedehnten Erkundungstätigkeit zu verdanken, die sich besonders auf die neuentdeckten höffigen Gebiete in West- und Ostsibirien, am und unter dem Kaspischen Meer und zwischen Wolga und Ural erstreckt. In Westsibirien sind mehrere hundert aussichtsreiche Antiklinen zu den bereits in Ausbeutung befindlichen 7 Erdöl- und 18 Erdgasfeldern hinzugekommen. In Ostsibirien wurde bei Markowo an der Lena eine Erdöllagerstätte von sehr großem Ausmaß gefunden. Im Emba-Gebiet (Westkasachstan), wo vordem nur kleinere Lagerstätten bekannt waren, haben die Neuentdeckungen von Usenj und Shetybay einen großen Sprung nach vorwärts gebracht, und für 1980 kann hier mit 35 Mill. t Erdöl gerechnet werden. Mit 10 Mrd. m³ Erdgas werden voraussichtlich schon 1964 die Industriezentren Tscheljabinsk und Swerdlowsk (Ural) aus dem großen Erdgasgebiet von Gasli beliefert werden, dessen Vorräte auf 440 Mrd. m³ geschätzt werden.

Im Wolga-Ural-Gebiet, dem jetzigen Hauptförderzentrum der UdSSR, das etwa 70% der gesamten Erdölförderung und 30% der Erdgasförderung liefert, wird die Erkundung sich mehr und mehr auf die Tiefenbereiche von 4000—6000 m Teufe erstrecken. Aussichtsreich sind besonders die Gebiete östlich der Wolga. So hat sich die 1960 entdeckte Lagerstätte von Ljubimowskoje als ein Vorkommen von größtem Ausmaß erwiesen. Auch im nördlichen Vorkaukasus wurden große Erdgasfunde gemacht. So werden die Vorräte von Nekrasowskoje im westlichen Vorkaukasus, wo 1962 in 3350 m Teufe höffige Horizonte erschlossen wurden, auf 60 Mrd. m³ geschätzt.

Ein großes Tiefbohrprogramm besteht auch für die drei großen Sedimentbecken der Ukraine, die Vorkarpatenrinne, die Dnjepr-Donez-Senke und die Mulde an der Schwarzmeerküste. Von 1959—1962 ist in der Ukraine die Erdgasproduktion von 11,7 auf 25 Mrd. m³ angestiegen. 1962 wurden in diesen Gebieten 4 Erdöl- und 2 Gaslagerstätten gefunden. Für 1965 wird hier eine Erdölförderung von 6,5 Mill. t und eine Erdgasförderung von 31—36 Mrd. m³ erwartet.

—Ha—

Die Erdölproduktion der kapitalistischen Länder 1963

Die Gesamtproduktion an Erdöl 1963 in den kapitalistischen Ländern wird von „Oil and Gas Journal" um 6,5% höher als im Vorjahr veranschlagt. Die durchschnittliche Tagesproduktion betrug 2,94 Mill. t. Die sicheren Vorräte dieser Länder werden jetzt mit 41 Mrd. t um 6,3% höher als im Vorjahr angegeben. 2,2 Mrd. t davon sind afrikanische Vorräte. Die Förderung nahm in Afrika um 52,6%, im Nahen Osten um 9,3%, in Gesamtamerika nur um 2,7% zu.

—Ha—

Erhöhung der Erdgasproduktion Westeuropas

Die europäische Erdgasförderung (ohne die sozialistischen Länder) betrug im Jahre 1962 14670,6 Mill. m³ („Brennstoff-Chemie," 10/1963). Gegenüber dem Vorjahr konnte eine Fördersteigerung von 6,6% erreicht werden.

An der Spitze der europäischen Erdgasproduktion steht mit einer Förderung von 7150,6 Mill. m³ Italien. Auf dem zweiten Platz folgt Frankreich mit 4740 Mill. m³, Österreich mit 1634,9 Mill. m³ nimmt den dritten Platz ein. Westdeutschland folgt mit einer Förderung von 736 Mill. m³ an vierter Stelle. —s—

Neue Erdgasfunde und starke Produktionszunahme in Nordwestdeutschland

Das Jahr 1963 hat in Nordwestdeutschland eine Reihe bedeutender neuer Erdgasfunde sowie eine erheblich gesteigerte Förderung aus den bereits produzierenden Feldern gebracht. Außer dem Erfolg an der Emsmündung, wo die östliche Fortsetzung der großen nordholländischen Erdgasfelder angetroffen wurde, kamen neuerdings besonders mehrere fündige Bohrungen im Buntsandstein des Gebiets zwischen Weser und Ems zu den hier schon früher referierten Funden hinzu. Nordwestlich des bereits produzierenden Erdgasfeldes Goldenstedt (40 km südwestlich von Bremen) brachte die Bohrung Visbeck T 1 aus 2780 m Teufe einen Zufluß von stündlich etwa 6000 m³ durch eine 7-mm-Düse („Erdöl-Zeitschrift", Wien, Oktober 1963, S. 486). Auch im Zechstein-Hauptdolomit diesesGebiets wurde Gas angetroffen, und zwar durch die Bohrung Goldenstedt Z 5. Weit erfolgreicher noch war die Bohrung Hengstlage T 1, 15 km südlich der Stadt Oldenburg. Hier wurde in 2280 m Teufe ein Speicher des Buntsandsteins erschlossen, der stündlich durch eine 9-mm-Düse 15400 m³ Erdgas liefert. Auch die Bohrung Hemmelte Z 1 am Nordrand des Feldes Hemmelte-West traf in etwa 3000 m Teufe Erdgas an, ebenfalls im Buntsandstein. Das Gas soll zumeist schwefelfrei und von besonders guter Qualität sein. Ferner wurde in dem bisher nur als hauptsächlicher erdölführender Horizont des Emslandes bekannten Valendis 2 (Bentheimer Sandstein) in nur 1055 m Teufe erstmalig Erdgas angetroffen. Die Bohrung Hohenkörben, 1,4 km südsüdöstlich des Feldes Georgsdorf, läßt hier den ersten Versuchen nach 100000 m³/Tag erwarten.

Insgesamt lieferte das Emsland im ersten Halbjahr 1963 72,8 Mill. m³ mehr an Erdgas als in der Vergleichszeit des Vorjahrs. Das Feld Rehden im Weser-Ems-Gebiet, das größte westdeutsche Feld, verdoppelte seine Produktion. Die westdeutsche Gesamtförderung von Erdgas belief sich in derselben Zeit auf 460,3 Mill. m³ und überstieg die Halbjahrsproduktion von 1962 um 170 Mill. m³. Bei fortschreitendem Ausbau des Leitungsnetzes soll noch eine erhebliche weitere Produktionssteigerung möglich sein. —Ha—

Neue Erdölfunde

Im nördlichen Kanada sind in einem 1,25 Mill. km² umfassenden Gebiet beträchtliche Erdöllager festgestellt worden („Brennstoff-Chemie", 7/63). Die erste Bohrung wird im arktischen Archipel bereits abgeteuft. Je ein Erdöl- und Erdgasfeld ist in Alaska auf der an der Ostküste von Cook Inlet etwa 80—120 km südwestlich von Anchorage angrenzenden Kenai-Halbinsel entdeckt worden. Man erwartet weitere Funde. Mit 20,7 Mill. t lag Kanada 1962 an 8. Stelle in der Welterdölförderung. —s—

Erdgas unter der Emsmündung und der Nordsee

Die Vermutung, daß sich die großen Erdgasvorkommen in der holländischen Provinz Groningen nach Osten unter der Emsmündung und auch nach Norden fortsetzen, ist nunmehr durch die nördlich Delfzijl niedergebrachte Erkundungsbohrung Bierum bestätigt worden. Zwischen der holländischen und der westdeutschen Regierung wurde bereits ein Ems-Dollart-Vertrag über die paritätische Nutzung des Gebiets beiderseits einer Grenzlinie abgeschlossen. Es wird angenommen, daß der westdeutsche Anteil alle bisher entdeckten westdeutschen Erdgasvorkommen weit übersteigen wird. Die Förderung wird, statt in der Emsmündung selbst, voraussichtlich vom Festland aus vorgenommen werden. Eine Leitung, die das Gas über Oldenburg, Delmenhorst und Bremen bis Hamburg transportieren soll, ist geplant.

Die geophysikalischen Erkundungen größerer Teile des Nordseegebiets sind ab Frühjahr 1963 in das Stadium großer Aktivität getreten. Etwa 20 Ölgesellschaften haben von den Küstenländern der Nordsee aus eine Flotte von Meßschiffen gestartet. Die westdeutsche Prakla hat vier seeseismische Untersuchungsgruppen mit je einem Meßschiff, einem Sprengschiff und einem Sicherheitsboot eingesetzt, die mit erheblich kleineren Profilabständen arbeiten als die bisherigen Untersuchungen und zu einer Monatsleistung fähig sein sollen, die der Gesamtleistung von 1957 bis 1962 entspricht.

Im September 1963 ist von Hamburg aus eine Bohrplattform abtransportiert worden, um 20 km nördlich von Borkum für die Bohrung Nordsee A 1 angesetzt zu werden. Die 76,2 cm starken Stahlrohr-„Nägel", die aus vier Stahlrohr-„Beinen" der Plattform hinabgetrieben werden, wurden bis zu Tiefen von 35—50 m unter dem Meeresboden festgerammt. Über diesem beträgt die Höhe 36,6 m. Spülungssystem, Antriebsmaschinen und Rohrlager sind auf einem Tender untergebracht. Mit den Bohrarbeiten soll im April 1964 begonnen werden. Das Bohrgerät ist für Teufen bis 4000 m verwendbar. —Ha—

Erfolgreiche westdeutsche Bohrungen

Die zwischen Meppen und Löningen im Emsland 1962 niedergebrachte Bohrung Holte 1 (1 km südlich des Dorfes Holte) ist nach einer Reihe von Testen zu einem wirtschaftlichen Ergebnis gelangt. Im oberen Malm 1 und im oberen Kimmeridge wurden zwischen 1072 und 1104 m Teufe vier Horizonte erschlossen und erbrachten bei 7-mm-Düse 2430 Nm³ Erdgas stündlich. Anschlußbohrungen sind in Vorbereitung.

Ein erdölführender Sandstein des Doggers γ wurde von der Bohrung Barsfleth 2 etwa 2 km nordwestlich von Meldorf im Christianskoog in 2027 bis 2030 m Teufe angetroffen. 10 t Rohöl täglich vom spez. Gewicht 0,91 konnten gefördert werden. Das durch eine Störung abgegrenzte Vorkommen befindet sich an der Westflanke des Salzstocks von Heide und liegt 3 km südsüdwestlich der Bohrung Hohenwöhrden 35, die bisher die südlichste der Salzstock-Flankenbohrungen war. —Ha—

Der 4. Erdölkongreß der Arabischen Liga

Die allmähliche Verselbständigung der Erdölindustrie des Nahen Ostens und Befreiung von der Ausbeutung durch die großen Ölgesellschaften war, wie bei den vorhergehenden Kongressen, auch auf dem 4. Erdölkongreß der Arabischen Liga das beherrschende Thema. Man forderte die Ausbildung eines technischen Stabes von Arabern, die möglichst viele Stellen in der Ölindustrie besetzen sollen, die Schaffung von Fachschulen und eines eigenen Forschungsinstituts für Erdöl. Außerdem wird bis zur vollen Verselbständigung der nahöstlichen Erdölindustrie eine höhere Gewinnbeteiligung der produzierenden Länder verlangt. Verhandlungen der OPEC (Organisation der Erdöl-Exportländer), der außer Iran, Irak, Kuweit, Qatar, der VAR und Saudi-Arabien auch Indonesien, Libyen und Venezuela angehören, zur Durchsetzung dieser Forderung sind im Gange. Die OPEC-Länder verfügen über 70% der Weltvorräte an Erdöl, liefern 41% der Weltförderung und 85% des Weltexports. Der 5. Kongreß der Liga wurde für März 1965 in Kairo angesetzt. —Ha—

IV. Internationale Wissenschaftliche Konferenz über die Probleme der Geochemie und über die chemisch-physikalischen Fragen bei der Erkundung und Förderung von Erdöl und Erdgas

Durch die Forschungsinstitute der Erdöl-Erdgas-Industrie der Deutschen Demokratischen Republik, der Tschechoslowakischen Sozialistischen Republik, der Polnischen Volksrepublik und der Ungarischen Volksrepublik: Forschungsinstitut für die Erkundung und Förderung von Erdöl und Erdgas, Gommern; Výzkumný ústav, Brno; Instytut naftowy, Kraków, und Institut des Országos Kőolaj- és Gázipari, Tröszt, Budapest, wird im Oktober 1964 in Brno die „IV. Internationale Wissenschaftliche Konferenz über die Probleme der Geochemie und über die chemisch-physikalischen Fragen bei der Erkundung und Förderung von Erdöl und Erdgas" durchgeführt und damit die seit 1957 regelmäßig zu diesem Themenkreis veranstalteten Konferenzen (1957 in Brno, 1959 in Kraków, 1962 in Budapest) fortgesetzt.

Die als Arbeitstagung vorgesehene Konferenz dient zum Austausch der neuesten Forschungsergebnisse und zur Begutachtung der für die Weiterführung der Forschungen geplanten Arbeiten speziell der obengenannten Institute und wird in drei Sektionen abgehalten.

Sektion 1: Geochemie
Geochemische Untersuchungen der Erdölmuttergesteine; Migrationsvorgänge; geochemische Tiefenprospektion; Gas- und Lumineszenz-Bohrlochuntersuchungen; Degasierung von Bohrkernen; Übersicht über den Stand der Erdölmikrobiologie.

Sektion 2: Bohrprobleme
Chemische und physikalische Probleme beim Abteufen von Tiefbohrungen auf dem Gebiet der Tiefbohrspülungen und Tiefbohrzemente; Entwicklung von Chemikalien und Rezepturen und die Anwendungsmöglichkeiten.

Sektion 3: Lagerstättenphysik
Theoretische Grundlagen des Abbaus von Erdöl- und Erdgaslagerstätten: physikalische Probleme bei der Erhöhung des Zuflusses in Fördersonden; Lagerstättenmodellierung; Mikrohydraulik, thermische Fördermethoden.

Die Vorbereitung der Konferenz erfolgt durch Ausschüsse in den genannten Instituten und wird geleitet von einem zentralen Organisationsausschuß, der aus Vertretern der vier Institute besteht.

Sonstiges

Die Entwicklung des Bergbaus in der VR Bulgarien

Auf dem Energiesektor der VR Bulgarien dominiert die Kohle. Am Energieaufkommen des Landes waren 1957 beteiligt: Kohle 74,7%, Erdöl 13,7%, Holz 5,5% und Wasser 6,1%.

Die vorhandenen Vorräte betragen („Braunkohle", 9/1963):

	Mill. t	Anteil in %
Lignit	4066	91,6
Braunkohle	319	7,2
Steinkohle	44	1,0
Anthrazit	7	0,2
Insgesamt:	4436	100,0

Die bulgarische Förderung betrug 1960: 5,345 Mill. t Lignit, 11,204 Mill. t Braunkohle, 0,409 Mill. t Steinkohle und

0,160 Mill. t Anthrazit. Die Kohlenflöze haben geringe Mächtigkeiten und führen oft Zwischenmittel.

Wie überall, so erfolgt auch in der VR Bulgarien der Abbau der Kohle immer mehr im Tagebau. So erhöhte sich der tagebaumäßige Abbau von 36,5 % Kohle im Jahre 1955 auf 49,7% im Jahre 1960. Von den insgesamt vorhandenen 86 Baggern stehen 31 im Abraum und 16 in der Kohlegewinnung; während auf Kippen 30 eingesetzt sind, befinden sich 9 ständig in Reparatur. Die Jahresleistung eines Baggers erhöhte sich von rd. 0,366 Mill. t im Jahre 1956 auf 0,580 Mill. t im Jahre 1960. Im Abraum stieg die Jahresleistung von 0,325 Mill. m^3 im Jahre 1958 auf 0,490 Mill. m^3 im Jahre 1960.

Da sich in den nächsten Jahren der Aschegehalt der Kohle erhöhen wird, sind in den Revieren Bobodul, Curkorov und Soogen moderne Aufbereitungsanlagen geplant. Ferner wird die Zentralaufbereitung in Dimitrowo erweitert.

—s—

Über 20 Mill. t Weltproduktion von NE-Metallen 1962

Die Weltproduktion der NE-Metalle Aluminium, Blei, Kupfer, Zink, Zinn und Nickel, die eine Reihe von Jahren mehr und mehr zurückging, ist nach einem tiefsten Stand zu Anfang 1962 allmählich wieder angestiegen und hat für 1962 mit Einschluß der Wiedergewinnung aus Altmaterial insgesamt die Grenze von 20 Mill. t erstmalig überschritten. Sie stieg gegenüber dem Vorjahr um 4,2%, wodurch sich trotz des zunehmenden Weltverbrauchs eine Überproduktion von 270000 t ergab. Hinderlich für eine günstige Preisentwicklung und damit für die Produktion sind vor allem die auf fast 6 Mill. t angewachsenen Regierungsvorräte der USA, von denen 3,2 Mill. t als überschüssig erklärt wurden.

Die Produktion in den Ländern der EWG, wo sie weiter zurückging, den ihr verbündeten Ländern und in Nordafrika (Marokko, Algerien, Tunesien) betrug 1961 und 1962 (in 1000 t):

	1961				1962			
	EWG-Länder	verbünd. Länder	Nordafrika	Gesamt	EWG-Länder	verbünd. Länder	Nordafrika	Gesamt
Al	535,6	45,6	–	581,2	553,2	52,2	–	605,4
Pb	463,1	2,9	44,2	510,2	462,3	4,0	43,0	509,3
Cu	555,5	150,9	–	706,4	559,7	134,4	–	694,1
Zn	725,4	57,0	–	782,4	673,6	56,0	–	729,6
Sn	18,0	2,4	–	20,4	15,4	0,6	–	16,0
Ni	14,4	13,4	–	27,8	14,2	5,5	–	19,7
	2312,0	272,2	44,2	2628,4	2278,4	252,7	43,0	2574,1

—Ha—

Das Sulcis-Kohlenbecken (Sardinien)

Das im Südwesten Sardiniens gelegene tertiäre Sulcis-Kohlenbecken wird von tertiären Lavadecken und Tuffen (besonders Liparit) überlagert. Es bildet tektonisch eine von Störungen durchsetzte Mulde und hat eine Längserstreckung von 15 km.

Die bis fünf bauwürdigen eozänen Braunkohlenflöze können Mächtigkeiten von 2 m erreichen. Die gesamte Kohlenmächtigkeit wird mit etwa 9 m angegeben („Braunkohle", 10/63). Sie verteilt sich auf eine 15 bis 40 m mächtige Schichtenfolge. Die Zwischenmittel und das Liegende sind vorwiegend kalkig ausgebildet. Der Heizwert der Kohle beträgt bis 5000 WE. Als Durchschnittsanalyse gelten folgende Werte: Wasser 5%, fixer Kohlenstoff 34%, flüchtige Bestandteile 36%. Auffallend hoch ist mit 17% der Asche- und mit 8% der Schwefelgehalt.

Die Gesamtkohlenvorräte werden auf über 500 Mill. t beziffert. Infolge komplizierter geologischer Verhältnisse ist der im Untertagebetrieb erfolgende Abbau sehr schwierig.

—s—

Eisen und Stahl in den kleineren Ländern Westeuropas

Die Eisen- und Stahlerzeugung in Westeuropa verteilt sich zu 90% auf die Länder der EWG und Großbritannien und zu nur 10% auf die übrigen Länder. Diese kleineren Erzeugerländer haben aber von 1950 bis 1961 einen weit größeren Anstieg in ihrer Produktion aufzuweisen als die Großerzeuger. Sie konnten diese verdreifachen, während die letzteren sie nur verdoppelten. Dieser Aufschwung geschah vor allem in der zweiten Hälfte der genannten Zeit. Dabei nahm die Walzstahlerzeugung stärker zu als die Roheisenerzeugung. Diese stieg von 7,4 auf 10,4%, die Walzstahlerzeugung aber von 7,3 auf 10,6% der westeuropäischen Gesamterzeugung. Den größten Produktionszuwachs erzielten die Länder Schweden, Österreich, Spanien und Jugoslawien. Das letztere Land konnte sogar seine Roheisenerzeugung von 212000 t auf 997000 t steigern. Norwegen ist durch sein neues Hüttenkombinat am Polarkreis zu einem beachtlichen Stahlerzeuger geworden. Bemerkenswert ist die Rohstahlerzeugung Österreichs, die von 883000 t auf 2263000 t anwuchs. Seine Walzstahlerzeugung brachte es von 638000 t auf 2194000 t, während Jugoslawien darin von 290000 t auf 1140000 t gelangte. Länder wie Finnland, das nicht über Kohle, sowie Dänemark und die Schweiz, die weder über Kohle noch Eisenerze verfügen, vermochten ihre Produktion nicht zu vergrößern.

—Ha—

Die Magnesitproduktion in Griechenland

Griechenland ist ein bedeutender Produzent von Magnesit, steht aber, was die Exportmöglichkeiten und damit die Produktion betrifft, in scharfer Konkurrenz mit Österreich, der SFR Jugoslawien und Spanien, die näher zu den westeuropäischen Verbrauchszentren liegen. Die Jahresproduktion von kaustischem Magnesit betrug in den letzten Jahren in

Österreich 80000 t,
Griechenland 50000 t (maximal),
SFR Jugoslawien 40000 t,
Spanien 15000 t.

Daß die griechische Ausfuhr von kaustischem Magnesit, die 1960 38746 t betrug und 1961 auf 49839 t anstieg, 1962 auf 42148 t zurückgegangen ist, wird auf eine verringerte Ausfuhrförderung seitens der griechischen Regierung zurückgeführt.

—Ha—

Erste kanadische Kaligrube

In Saskatchewan wurde das erste kanadische Kalibergwerk errichtet. Unter zum größten Teil stark wasserführenden und unverfestigten Lockermassen liegt in etwa 900 m Teufe ein Kalilager, welches als größtes der Welt bezeichnet wird. Die Vorräte werden mit über 5 Milliarden Tonnen abbauwürdigem Salz angegeben („Bergbauwissenschaften", 15/63). Die Lagerstätte soll überwiegend aus Sylvin mit K_2O-Gehalten von 25 bis 35% bestehen. Durch die Aufbereitung erfolgt eine Anreicherung auf mindestens 60% K_2O.

—s—

Schachtauskleidung aus zwei konzentrischen Zylindern für vorwiegend wasserführendes Gebirge

Der gebirgsgebundene Ausbau, z. B. normaler Tübbingausbau, ist empfindlich gegenüber Vertikalbewegungen des Gebirges, da er jede Gebirgsbewegung, wie sie z. B. bei schachtnahem Abbau auftreten, mitmachen muß. Er ist aber relativ unempfindlich gegenüber ungleichförmigen Gebirgsdrücken, denn im anliegenden Gebirge werden sofort ausgleichende Gegenkräfte geweckt.

Auf den vom Gebirge gelösten Ausbau (Ausbau mit Vorbetonmantel und Bitumenzwischenschicht) können zunächst weder Gebirgsbewegungen noch ungleichförmige Gebirgsdrücke einwirken. Der empfindliche Teil ist hier der Vorbetonmantel. Er hat, abgesehen vom Abteufvorgang, nur die Aufgabe, ein Abfließen des Bitumens in das Gebirge zu verhindern. Da er jedoch immer gebirgsverbunden ist, muß er alle Gebirgsbewegungen mitmachen und wird somit bei schachtnahem Abbau Stauchungs- bzw. Zerrungsschäden erleiden. Damit kann aber die Forderung nach Dichtigkeit nicht mehr erfüllt werden. Weiterhin kann der Vorbetonmantel ungleichförmigen Gebirgsdrücken kaum Widerstand leisten, da er infolge seiner relativ geringen Wandstärke keine große Biegesteifigkeit besitzt.

Um die Vorteile beider Ausbaumethoden auszunutzen, jedoch die dabei auftretenden Nachteile auszuschalten, kommt es im wesentlichen auf folgende Maßnahmen an:

1. den Gebirgsdruck und den Wasserdruck so zu trennen, daß der innere Zylinder den Wasserdruck, der äußere Zylinder den gleichförmigen Gebirgsdruck aufnimmt;
2. ein Füllmaterial zu wählen, welches bei Vertikalverschiebungen zwischen inneren und äußeren Zylindern keine Scherkräfte überträgt, aber bei ungleichförmigen Gebirgsdrücken die anteiligen Lasten auch auf den inneren Zylinder weiterleitet.

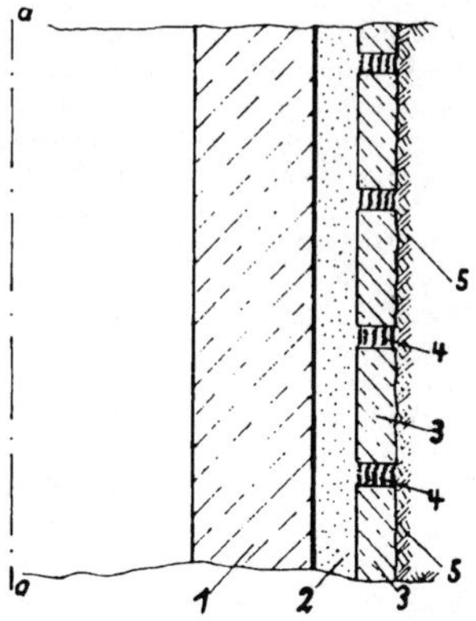

Diese Forderung erfüllt eine Schachtauskleidung aus zwei konzentrischen Zylindern, die durch eine Zwischenschicht aus rolligem Material bestimmter Größe und Festigkeit (Kies, Bimssand usw.) voneinander getrennt sind, wobei der innere Zylinder wasserdicht ausgebildet ist, während der äußere Zylinder bewußt wasserundicht und vorteilhafterweise durch horizontale Quetschlagen verformungsfähig gestaltet ist.

Die Zeichnung stellt einen Vertikalschnitt durch die Schachtwandung dar, wobei die Linie a–a die Schachtachse darstellt. Das Bild zeigt den wasserdicht ausgebildeten Innenzylinder 1, die Zwischenschicht aus rolligem Material 2, den äußeren wasserundichten Zylinder 3 mit den horizontalen Quetschlagen 4 und das anschließende Gebirge 5.

DBP.- Anm.: 1154422 H. Friedemann

Die geologischen Verhältnisse im Taxco-Gebiet (Mexiko)

Die Gänge und Linsen der etwa 160 km südwestlich Mexiko City gelegenen Blei-Zink-Silber-Gruben Pedegal, San Antonio, Jesus und Minas de Guerrero setzen in einer Sedimentserie auf, deren ältestes Glied kristalline Serizit- und Schwarzschiefer bilden. Andesit- und Dioritgänge durchsetzen diese Schichtfolge. Über 300 m mächtigen Kalken und 400 m kalkigen Tonschiefern, vermutlich kretazischen Alters, folgt eine vulkanische Serie (volcanic group). Der aus Konglomeraten und Tuffen bestehende Komplex ist stark gefaltet und gestört und wird von rhyolithischen und aphanitischen Gängen durchschlagen („Erzbergbau und Metallhüttenwesen", 9/1963). An der vor allem in den Kalken linsen- und gangförmig auftretenden Vererzung sind besonders Zinkblende und silberhaltiger Bleiglanz beteiligt. Daneben finden sich noch Pyrit und Quarz. —s—

Querschnitt durch die Geologie Nordostböhmens

Der Exkursionsführer zum XIII. Kongreß (1962) der Tschechoslowakischen Gesellschaft für Mineralogie und Geologie liegt inzwischen in deutsch vor. Die Broschüre ist im Rotaprint-Verfahren hergestellt worden.

Der Exkursionsführer gibt einen Querschnitt durch die Geologie Nordostböhmens: Kristallines Grundgebirge, Perm, Kreide und Tertiär. Neben einem Literaturverzeichnis und den Aufschlußbeschreibungen enthalten die meisten Erläuterungen zu den Exkursionen auch einen zusammenfassenden regionalgeologischen Überblick. Der Exkursionsführer orientiert so über die von den tschechoslowakischen Kollegen erzielten Fortschritte in diesem Gebiet.

Die Vertriebsabteilung des Zentralen Geologischen Instituts kann noch einige Exemplare für ca. DM 15,— an Interessenten abgeben. Th. Kaemmel

Aus der Arbeit des „Fachverbandes Mineralogie" der Geol. Gesellschaft in der DDR

Unter dem Thema „Genetische Probleme der Eisenerze vom Typus Lahn—Dill" fand vom 27. bis 30. November 1963 in Wernigerode das 14. Treffen des Fachverbandes Mineralogie statt.

Im Mittelpunkt des von Prof. Dr. Rösler geleiteten und vom VEB Harzer Eisenerzgruben unterstützten Treffens standen die neuen genetischen Vorstellungen, die die klassische Theorie — Exhalation von Eisenchloriden — abgelöst haben.

An der Veranstaltung nahmen auch Vertreter aus der UdSSR, der ČSSR und Westdeutschland teil, die über ihre Untersuchungen berichteten. Th. Kaemmel

Kurznachrichten

Im Gebiet von **Ufa** (UdSSR) wurde eine **Erdölbohrung** von 1132 m Teufe in 115 Stunden niedergebracht. Mit dem verwendeten Bohrgerät sollen etwa 7000 Bohrmeter im Monat erreicht werden können.

Die **westdeutsche Erdölförderung** überschritt am 14. 12. 1963 erstmalig die Höhe von 7 Mill. t jährlich.

Auf Grund der **Erdölfunde** bei **Pfullendorf-Ostrach** nahe dem Bodensee, die eine Jahresförderung von bis 100000 t Erdöl und etwa 5 Mill. m^3 Erdölgas erwarten lassen, wird von der Industrie- und Handelskammer in Konstanz die Ferngasversorgung des gesamten Bodenseegebiets erwogen.

Vor der Küste von Dorset, 4 km von Lulworth Cove entfernt, wurde bei 20 m Meerestiefe mit der ersten **britischen Nordseebohrung** begonnen. Sie soll auf 800 bis 900 m Teufe, wo im Kimmeridge Erdöl vermutet wird, niedergebracht werden.

Auf der **niederländischen** Insel **Ameland** wurde Erdgas erbohrt, womit sich die Annahme einer nördlichen Fortsetzung der großen nordholländischen Vorkommen von neuem bestätigt. Auch im Wattenmeer soll gebohrt werden.

Für das Nordseegebiet vor der **norwegischen Küste** wurden von der Regierung Norwegens an mehrere der größten Erdölgesellschaften **Aufschlußrechte** vergeben.

Über die **Rotterdam—Rhein-Pipeline**, die im Oktober 1963 Frankfurt erreichte und deren Gesamtsystem damit eine Länge von 460 km hat, werden künftig die Raffinerien von Gelsenkirchen, Godorf, Wesseling und Raunheim (bei Frankfurt) mit Erdöl versorgt.

In **Iran** wurde 19 km nordöstlich des Ölfeldes Agha Jari die Bohrung Karand 1 niedergebracht und stieß in 1914 m Teufe auf erdölführenden Asmari-Kalkstein. Auch in 2031 m Teufe wurde ein Zufluß erschlossen, der über 1000 m^3/Tag Erdöl liefert.

Die **Steinkohlenförderung** 1963 in **Westdeutschland** zeigt mit 142 Mill. t gegenüber 141,13 Mill. t 1962 einen leichten Anstieg. Die Haldenbestände an Kohle und Koks wurden 1963 von 9,9 auf 4 Mill. t abgebaut.

Westdeutschland produzierte 1963 31,60 Mill. t Eisen und Stahl, 1 Mill. t weniger als 1962, 2 Mill. t weniger als 1961.

In **Burma** wurden in der Nähe der Orte Taunggy, Mayimyo, Tavoy und Margui **Eisenerz**lagerstätten von etwa 30 Mill. t und bei Kalewa 100 Mill. t **Kohle** festgestellt. Der Abbau ist projektiert.

In der VR **Polen** betrug die Produktion von **Kupfererz** 1962 rd. 2 Mill. t. Daran hatte die Förderung aus den in den letzten Jahren mehr und mehr erkundeten Kupfervorkommen im Gebiet von Glogów und Lublin großen Anteil.

In **NW-Schottland** wurden zwischen Cape Wrath und Loch Carron Gesteine mit teils 11%, teils 8% **Kali** festgestellt. Der Abbau kann im Tagebau erfolgen.

Für **Bohrgestänge**, die in Teufen bis zu 8000 m verwendbar sind, wurde in dem Rohrwalzwerk „W. I. Lenin" in **Aserbaidshan** die erste Serie hoch haltbarer Rohre mit einer Fließwiderstandsgrenze von 75 kg/mm^2 hergestellt.

Berichtigung

Im Beitrag von H. KUGLER „Zur Erfassung und Klassifikation geomorphologischer Erscheinungen bei der ingenieurgeologischen Spezialkartierung“, H. 11, 1963, muß es abweichend von dem ursprünglich vom Verf. eingereichten Manuskript richtig heißen: S. 593, linke Spalte, 13. Zeile von oben, anstatt „zwei Grundtypen“ — „zwei wesentliche Grundtypen“; S. 595, linke Spalte muß die Hangneigungstabelle gegen die nachstehende ausgetauscht werden:

Hauptgruppen:	Untergruppen:	Typ:
0°	0°	Ebene
1–2°	1– 2°	Flachhang
3–7°	3– 5°	
	6– 7°	
8–15°	8–10°	mittl. Hang
	11–15°	
16–35°	16–25°	Steilhang
	26–35°	
36–60°	36–45°	
	46–60°	
61–90°	61–90°	Wand
über 90°	über 90°	Überhang

Die Redaktion

Herausgeber: Staatliche Geologische Kommission und Zentrale Vorratskommission für mineralische Rohstoffe der Deutschen Demokratischen Republik. Für die kollektive Chefredaktion: Dr. K. Kauter (Redaktionssekretär), Berlin. Redaktion: Berlin N 4, Invalidenstraße 44. Verlag: Akademie-Verlag GmbH, Berlin W 8, Leipziger Straße 3–4 (Fernsprecher 220441, Telex 011773, Postscheckkonto: Berlin 35021). Bestellnummer des Heftes 1047/10/4. Alleinige Anzeigenannahme DEWAG-WERBUNG, Berlin C 2, Rosenthaler Str. 28/31, und alle DEWAG-Betriebe in den Bezirksstädten der DDR. Die „Zeitschrift für angewandte Geologie" erscheint monatlich. Bezugspreis 2,– DM je Heft. – Satz und Druck: VEB Druckhaus „Maxim Gorki", Altenburg. Veröffentlicht unter der Lizenznummer 1279 des Presseamtes beim Vorsitzenden des Ministerrates der Deutschen Demokratischen Republik. Kartengenehmigung: Nr. 47/64, 166/64 und 185/64

SCHRIFTENREIHE DES PRAKTISCHEN GEOLOGEN

Herausgegeben im Auftrage der Staatlichen Geologischen Kommission
und der Zentralen Vorratskommission für mineralische Rohstoffe
der Deutschen Demokratischen Republik
von Prof. Dr. E. KAUTZSCH, Dr. F. STAMMBERGER, Dr. G. TISCHENDORF

In der „Schriftenreihe des praktischen Geologen" werden auf knappem Raum die neuesten wissenschaftlichen Erkenntnisse und die modernsten Methoden in der Lagerstättenerkundung behandelt, um sie schnell für die Praxis nutzbar zu machen. Die Schriftenreihe leistet damit einen wichtigen Beitrag zur Erfüllung der Aufgabe, die Wissenschaft unmittelbar als Produktivkraft wirksam werden zu lassen. Die einzelnen Bände behandeln wichtige, nach Schwerpunkten ausgewählte Spezialthemen und sind wertvolle Arbeitsmittel für alle in der Praxis tätigen Geologen. Die Schriftenreihe verdient insbesondere auch die Aufmerksamkeit unserer Hoch- und Fachschulen, da die gut ausgestatteten handlichen Bücher bestens geeignet sind, die Studenten mit den Problemen der praktischen Arbeit vertraut zu machen.

Bisher erschienen

Band 1: FRIEDRICH STAMMBERGER

Einführung in die Berechnung von Lagerstättenvorräten fester mineralischer Rohstoffe

1956 — 153 Seiten — 78 Abbildungen — 14,7 × 21,5 cm — Halblederin DM 7,50 — vergriffen

Band 2: FJODOR I. WOLFSON

Die Strukturen der endogenen Erzlagerstätten

1960 — 148 Seiten — 76 Abbildungen — 14,7 × 21,5 cm — Halblederin DM 8,—

Band 3: RUDOLF MEINHOLD

Erdölgeologie

1962 — 227 Seiten — 95 Abbildungen — 20 Tabellen — 14,7 × 21,5 cm — Halblederin DM 25,50

Band 4: KLAUS LEHNERT · KLAUS ROTHE

Geophysikalische Bohrlochmessungen

1962 — 300 Seiten — 102 Abbildungen — 14,7 × 21,5 cm — Halblederin DM 33,—

Band 5: MICHAIL A. SHDANOW

Methoden der Berechnung von Lagerstättenvorräten an Erdöl und Erdgas

1963 — 172 Seiten — 18 Abbildungen — 29 Tabellen — 14,7 × 21,5 cm — Halblederin DM 22,—

Band 6: ALEXANDER N. SNARSKIJ

Die geologische Betreuung beim Bohren auf Erdöl und Erdgas

1963 — 204 Seiten — 80 Abbildungen — 26 Tabellen — 14,7 × 21,5 cm — Halblederin DM 22,50

Band 7: ALEXANDER N. SNARSKIJ

Suche und Erkundung von Erdöl- und Erdgaslagerstätten

1963 — 266 Seiten — 93 Abbildungen — 27 Tabellen — 14,7 × 21,5 cm — Halblederin DM 27,—

Band 8: ALEXANDER N. SNARSKIJ

Die geologischen Grundlagen des Abbaus von Erdöl- und Erdgaslagerstätten

1964 — 279 Seiten — 91 Abbildungen — 26 Tabellen — 14,7 × 21,5 cm — Halblederin DM 20,—

Bestellungen durch eine Buchhandlung erbeten

A K A D E M I E - V E R L A G · B E R L I N

FSC
www.fsc.org
MIX
Papier | Fördert gute Waldnutzung
FSC® C083411

Zeitfracht Medien GmbH
Ferdinand-Jühlke-Straße 7
99095 Erfurt, Deutschland
produktsicherheit@kolibri360.de